超越普里瓦洛夫

留数卷

● 刘培杰数学工作室　编

U0211733

 哈尔滨工业大学出版社
HARBIN INSTITUTE OF TECHNOLOGY PRESS

内容简介

留数又称残数,是复变函数论中一个重要的概念.本书总结了一些计算留数的常用方法和惯用技巧,叙述严谨、清晰、易懂.

本书适合于高等院校数学与应用数学专业学生学习,也可供数学爱好者及教练员作为参考.

图书在版编目(CIP)数据

超越普里瓦洛夫.留数卷/刘培杰数学工作室编.—哈尔滨:
哈尔滨工业大学出版社,2015.1(2024.3 重印)
ISBN 978-7-5603-5008-0

Ⅰ.①超…　Ⅱ.①刘…　Ⅲ.①残数　Ⅳ.①O1　②O174

中国版本图书馆 CIP 数据核字(2014)第 276151 号

策划编辑　刘培杰　张永芹
责任编辑　张永芹　刘立娟
封面设计　孙茵艾
出版发行　哈尔滨工业大学出版社
社　　址　哈尔滨市南岗区复华四道街 10 号　邮编 150006
传　　真　0451 - 86414749
网　　址　http://hitpress.hit.edu.cn
印　　刷　哈尔滨圣铂印刷有限公司
开　　本　787 mm×960 mm　1/16　印张 9.75　字数 174 千字
版　　次　2015 年 1 月第 1 版　2024 年 3 月第 2 次印刷
书　　号　ISBN 978-7-5603-5008-0
定　　价　48.00 元

目录

第一章　留数定理及儒歇定理的应用

❶（留数基本定理）　设 D 为周线或复周线 C 所围的区域，函数 $f(z)$ 除以 $z_k \in D(k=1,2,\cdots,n)$ 为奇点外，于 $\overline{D}$ 解析，则

$$\int_C f(z)\mathrm{d}z = 2\pi\mathrm{i}\sum_{k=1}^{n}\mathrm{Res}(f,z_k)$$

（这样，当函数在曲线 C 内只有有限个奇点时，函数沿此曲线积分的计算就可归结为留数的计算）.

证　作圆周 Γ_k：$|z-z_k|=\rho_k$，使 $|z-z_k|\leqslant\rho$ 含于 D 内，$k=1,2,\cdots,n$，且使诸圆 Γ_k 两两相离，则由柯西（Cauchy）定理有

$$\int_C f(z)\mathrm{d}z = \sum_{k=1}^{n}\int_{\Gamma_k} f(z)\mathrm{d}z$$

又由 Γ_k 的作法及留数的定义知

$$\int_{\Gamma_k} f(z)\mathrm{d}z = 2\pi\mathrm{i}\mathrm{Res}(f,z_k)$$

故得

$$\int_C f(z)\mathrm{d}z = 2\pi\mathrm{i}\sum_{k=1}^{n}\mathrm{Res}(f,z_k)$$

证毕.

❷　设 g 与 h 在点 z_0 正则，且 $g(z_0)\neq0,h(z_0)=0,h'(z_0)=0$，$h''(z_0)\neq0$，则 z_0 为 $\dfrac{g(z)}{h(z)}$ 的二阶极点，且

$$\mathrm{Res}\left(\frac{g}{h},z_0\right) = 2\cdot\frac{g'(z_0)}{h''(z_0)} - \frac{2}{3}\cdot\frac{g(z_0)h'''(z_0)}{[h''(z_0)]^2}$$

证　因 g 无零点，h 有二阶零点，故 z_0 为 $\dfrac{g}{h}$ 的二阶极点，且其洛朗（Laurent）展式为

$$\frac{g(z)}{h(z)} = \frac{b_2}{(z-z_0)^2} + \frac{b_1}{z-z_0} + a_0 + a_1(z-z_0) + a_2(z-z_0)^2 + \cdots$$

下面计算 b_1. 由题设知

$$g(z) = g(z_0) + g'(z_0)(z - z_0) + \frac{g''(z_0)}{2}(z - z_0)^2 + \cdots$$

$$h(z) = \frac{h''(z_0)}{2}(z - z_0)^2 + \frac{h'''(z_0)}{6}(z - z_0)^3 + \cdots$$

于是

$$g(z) = h(z)\left[\frac{b_2}{(z - z_0)^2} + \frac{b_1}{z - z_0} + a_0 + a_1(z - z_0) + \cdots\right] =$$

$$\left(\frac{h''(z_0)}{2} + \frac{h'''(z_0)}{6}(z - z_0) + \cdots\right) \cdot$$

$$\left[b_2 + b_1(z - z_0) + a_0(z - z_0)^2 + \cdots\right] =$$

$$\frac{b_2 h''(z_0)}{2} + \left[\frac{b_2 h'''(z_0)}{6} + \frac{b_1 h''(z_0)}{2}\right](z - z_0) + \cdots$$

由于两幂级数相等,其对应系数应相等,故

$$g(z_0) = \frac{b_2 h''(z_0)}{2}$$

$$g'(z_0) = \frac{b_2 h'''(z_0)}{6} + \frac{b_1 h''(z_0)}{2}$$

由此解出 b_1,即得所证.

❸ 设 g, h 在点 z_0 正则,且 $g(z_0) = 0, g'(z_0) \neq 0, h(z_0) = h'(z_0) = h''(z_0) = 0, h'''(z_0) \neq 0$,则 $\dfrac{g(z)}{h(z)}$ 在点 z_0 处为二阶极点,且留数为

$$\frac{3g''(z_0)}{h'''(z_0)} - \frac{3}{2} \cdot \frac{g'(z_0)h^{(4)}(z_0)}{[h'''(z_0)]^2}$$

注 证明可仿照上题. 对形如 $\dfrac{g(z)}{(z - z_0)^2}$ 的二阶极点,此处 $g(z_0) \neq 0$,上题的留数公式简化为 $g'(z_0)$.

❹ 求下列函数的留数:

(1) $\dfrac{e^z}{(z - 1)^2}$;(2) $\dfrac{e^z - 1}{\sin^3 z}$;(3) $\dfrac{z}{1 - \cos z}$.

解 (1)$z_0 = 1$ 为二阶极点,$g(z) = e^z, h(z) = (z - 1)^2, g(1) = e \neq 0$,$h(1) = h'(1) = 0, h''(1) = 2 \neq 0$. 所以留数为 $\dfrac{2e}{2} - \dfrac{2}{3} \cdot (e \cdot 0) \cdot \dfrac{1}{2^2} = e$.

(2)$z_0 = 0$ 为二阶极点,$g(z) = e^z - 1, h(z) = \sin^3 z, g(0) = 0, g'(0) \neq 0$,

$h(0)=h'(0)=h''(0)=0, h'''(0)=6, h^{(4)}(0)=0.$ 故留数为 $3\times\dfrac{1}{6}=\dfrac{1}{2}.$

(3) $z_0=0$ 为单极点, $g(z)=z, g(0)=0, g'(0)\neq 0, h(z)=1-\cos z,$ $h(0)=h'(0)=0, h''(0)=1\neq 0.$ 故在点 0 处的留数为 2.

❺ 求 $\mathrm{Res}(\cot z, 0).$

解法 1　由 $z=0$ 是 $\cot z=\dfrac{\cos z}{\sin z}$ 的一阶极点,故

$$\mathrm{Res}\left(\frac{\cos z}{\sin z},0\right)=\lim_{z\to 0}\left(z\cdot\frac{\cos z}{\sin z}\right)=\lim_{z\to 0}\cos z=1$$

解法 2

$$\mathrm{Res}\left(\frac{\cos z}{\sin z},0\right)=\frac{\cos z}{(\sin z)'}\bigg|_{z=0}=\frac{\cos 0}{\cos 0}=1$$

❻ 求 $\mathrm{Res}\left(\dfrac{\mathrm{e}^z}{z^2+1},\mathrm{i}\right).$

解　因 $z=\mathrm{i}$ 是 $\dfrac{\mathrm{e}^z}{z^2+1}$ 的一阶极点,故可用与第 5 题相同的两种方法来解,但因有

$$\frac{\mathrm{e}^z}{z^2+1}=\frac{\dfrac{\mathrm{e}^z}{z+\mathrm{i}}}{z-\mathrm{i}}$$

故直接使用柯西公式会更好

$$\mathrm{Res}\left(\frac{\mathrm{e}^z}{z^2+1},\mathrm{i}\right)=\frac{1}{2\pi\mathrm{i}}\int_{|z-\mathrm{i}|=1}\frac{\mathrm{e}^z}{z^2+1}\mathrm{d}z=$$

$$\frac{1}{2\pi\mathrm{i}}\int_{|z-\mathrm{i}|=1}\frac{\dfrac{\mathrm{e}^z}{z+\mathrm{i}}}{z-\mathrm{i}}\mathrm{d}z=$$

$$\frac{\mathrm{e}^z}{z+\mathrm{i}}\bigg|_{z=\mathrm{i}}=\frac{\mathrm{e}^\mathrm{i}}{2\mathrm{i}}$$

❼ 求 $\mathrm{Res}\left(\dfrac{\mathrm{e}^z}{z^{n+1}},0\right).$

解法 1　因 $z=0$ 是 $\dfrac{\mathrm{e}^z}{z^{n+1}}$ 的 $n+1$ 阶极点,因此

$$\mathrm{Res}\left(\frac{\mathrm{e}^z}{z^{n+1}},0\right)=\frac{1}{n!}\lim_{z\to 0}\left(z^{n+1}\cdot\frac{\mathrm{e}^z}{z^{n+1}}\right)=\frac{1}{n!}$$

解法 2 直接由洛朗展式求得

$$\frac{e^z}{z^{n+1}} = \frac{1}{z^{n+1}} + \frac{1}{z^n} + \frac{1}{2!}\frac{1}{z^{n-1}} + \cdots + \frac{1}{n!}\frac{1}{z} + \frac{1}{(n+1)!} + \cdots$$

故 $\operatorname{Res}\left(\dfrac{e^z}{z^{n+1}}, 0\right) = \dfrac{1}{n!}$(取负一次项系数所得).

解法 3 直接由关于求高阶导数的积分公式

$$f^{(n)}(z_0) = \frac{n!}{2\pi i}\int_C \frac{f(z)}{(z - z_0)^{n+1}}\mathrm{d}z$$

或

$$\frac{1}{2\pi i}\int_C \frac{f(z)}{(z - z_0)^{n+1}}\mathrm{d}z = \frac{1}{n!}f^{(n)}(z_0)$$

令 $z_0 = 0, f(z) = e^z$,得

$$\operatorname{Res}\left(\frac{e^z}{z^{n+1}}, 0\right) = \frac{1}{n!}(e^z)^{(n)}\bigg|_{z=0} = \frac{1}{n!}$$

❽ 求 $\operatorname{Res}\left[\dfrac{1}{(z^2+1)^3}, i\right]$.

解 因 i 是 $\dfrac{1}{(z^2+1)^3}$ 的三阶极点,故

$$\operatorname{Res}\left[\frac{1}{(z^2+1)^3}, i\right] = \frac{1}{2!}\lim_{z\to i}\frac{\mathrm{d}^2}{\mathrm{d}z^2}\left[(z-i)^3\frac{1}{(z^2+1)^3}\right] =$$
$$\frac{1}{2!} \times 3 \times 4 \times \frac{1}{(z+i)^5}\bigg|_{z=i} = -\frac{3}{16}i$$

以下两例说明有时直接利用洛朗展式求留数也是方便的:

❾ 求 $\operatorname{Res}\left(\dfrac{z^4}{(2+3z^2)^4}, \sqrt{\dfrac{2}{3}}i\right)$.

分析 此题与第 8 题并无本质差别,但此时 $\sqrt{\dfrac{2}{3}}i$ 是 $\dfrac{z^4}{(2+3z^2)^4}$ 的四阶极点. 若求函数 $\left(z - \sqrt{\dfrac{2}{3}}i\right)^4 \dfrac{z^4}{(2+3z^2)^4}$ 的三阶导数,这是比较麻烦的. 然而若按留数的定义,那就是求函数 $\dfrac{z^4}{(2+3z^2)^4}$ 在点 $z_0 = \sqrt{\dfrac{2}{3}}i$ 处的洛朗展式的负一次项系数,此时反而比较简单.

解 先求 $f(z) = \dfrac{z^4}{(2+3z^2)^4}$ 在点 $z_0 = \sqrt{\dfrac{2}{3}}\,\mathrm{i}$ 处的洛朗展式,也就是将

$f(z)$ 展成关于 $\zeta = z - z_0$ 的(双边)幂级数.

显然,分子 z^4 可表示成关于 ζ 的多项式

$$z^4 = (\zeta + z_0)^4 = z_0^4 + 4z_0^3\zeta + 6z_0^2\zeta^2 + 4z_0\zeta^3 + \zeta^4$$

分母 $(2+3z^2)^4$ 可表示成关于 ζ 的多项式

$$(2+3z^2)^4 = 3^4\zeta^4(16z_0^4 + 32z_0^3\zeta + 24z_0^2\zeta^2 + 8z_0\zeta^3 + \zeta^4)$$

将以上两个多项式相除即得 $f(z)$ 的洛朗展式

$$f(z) = \frac{1}{3^4}\left(\frac{1}{16\zeta^4} + \frac{1}{8z_0\zeta^3} + \frac{1}{32z_0^2\zeta^2} - \frac{1}{32z_0^3\zeta} + \cdots\right)$$

(我们只要算到前四项就可以了,从 $-\dfrac{1}{32z_0^3\zeta}$ 以后的项我们不必关心).

于是得到

$$\operatorname{Res}\left[\frac{z^4}{(z+3z^2)^4}, \sqrt{\frac{2}{3}}\,\mathrm{i}\right] = -\frac{1}{3^4}\cdot\frac{1}{32z_0^3} = -\frac{\mathrm{i}}{576\sqrt{6}}$$

❿ 求 $\operatorname{Res}\left(\dfrac{\mathrm{e}^z}{1-\cos z}, 0\right)$.

解 因

$$\mathrm{e}^z = 1 + z + \frac{z^2}{2!} + \cdots + \frac{z^n}{n!} + \cdots$$

$$1 - \cos z = \frac{z^2}{2!} - \frac{z^4}{4!} + \cdots + (-1)^{n-1}\frac{z^{2n}}{(2n)!} + \cdots$$

故

$$\frac{\mathrm{e}^z}{1-\cos z} = \frac{2}{z^2} + \frac{2}{z} + \cdots$$

(同样,对于 $\dfrac{2}{z}$ 以后的项我们不必关心),因此

$$\operatorname{Res}\left(\frac{\mathrm{e}^z}{1-\cos z}, 0\right) = 2$$

⓫ 求下列函数 $f(z)$ 的关于各孤立奇点及无穷远点(如果它不是奇点的极限点) 的留数:

(1) $f(z) = \dfrac{5z-2}{z(z-1)}$;

(2) $f(z) = \dfrac{z^2}{(z^2+1)^2}$;

(3) $f(z) = \dfrac{z^{2n}}{(1+z)^n}$,$n$ 为自然数；

(4) $f(z) = \dfrac{z}{\sin z}$;

(5) $f(z) = \dfrac{e^z}{(z-a)(z-b)}$.

(1) **解法** 1   用洛朗展式求解.

显然 $z=0, z=1$ 是 $f(z)$ 的一阶极点.

当 $z=0$ 时

$$f(z) = -\frac{5z-2}{z} \sum_{n=0}^{\infty} z^n =$$

$$-5(1+z+z^2+\cdots) + 2(\frac{1}{z}+1+z+z^2+\cdots) \quad (0 < |z| < 1)$$

当 $z=1$ 时

$$f(z) = \frac{5(z-1)+3}{z-1} \cdot \frac{1}{1+(z-1)} =$$

$$\left(5 + \frac{3}{z-1}\right) \sum_{n=0}^{\infty} (-1)^n (z-1)^n$$

当 $z=\infty$ 时

$$f(z) = \left(\frac{5}{z} - \frac{2}{z^2}\right) \frac{1}{1-\frac{1}{z}} =$$

$$\left(\frac{5}{z} - \frac{2}{z^2}\right) \sum_{n=0}^{\infty} \frac{1}{z^n} \quad (|z| > 1)$$

所以

$$\text{Res}[f(z), 0] = c_{-1} = 2, \text{Res}[f(z), 1] = c_{-1} = 3$$

$$\text{Res}[f(z), \infty] = -c_{-1} = -5$$

解法 2   用极限法求解.

因 $z=0$ 与 $z=1$ 是 $f(z)$ 的一阶极点，所以

$$\text{Res}[f(z), 0] = \lim_{z \to 0} z f(z) = \lim_{z \to 0} \frac{5z-2}{z-1} = 2$$

$$\text{Res}[f(z), 1] = \lim_{z \to 1} (z-1) f(z) = \lim_{z \to 1} \frac{5z-2}{z} = 3$$

因此

$$\mathrm{Res}[f(z),\infty]=-\{\mathrm{Res}[f(z),0]+\mathrm{Res}[f(z),1]\}=-5$$

解法 3　用柯西公式求解.

$$\mathrm{Res}[f(z),0]=\frac{1}{2\pi\mathrm{i}}\int_{|z|=\frac{1}{2}}f(z)\mathrm{d}z=$$

$$\frac{1}{2\pi\mathrm{i}}\int_{|z|=\frac{1}{2}}\frac{\dfrac{5z-2}{z-1}}{z}\mathrm{d}z=2$$

$$\mathrm{Res}[f(z),1]=\frac{1}{2\pi\mathrm{i}}\int_{|z-1|=\frac{1}{2}}\frac{\dfrac{5z-2}{z}}{z-1}\mathrm{d}z=3$$

解法 4　用求导法求解.

令 $\varphi(z)=5z-2,\psi(z)=z(z-1)$,则

$$\mathrm{Res}[f(z),0]=\frac{\varphi(0)}{\psi'(0)}=2,\mathrm{Res}[f(z),1]=\frac{\varphi(1)}{\psi'(1)}=3$$

(2) **解法 1**　因为

$$f(z)=\frac{z^2}{(z^2+1)^2}=\frac{z^2}{(z-\mathrm{i})^2(z+\mathrm{i})^2}$$

所以 $z=\pm\mathrm{i}$ 是 $f(z)$ 的二阶极点,故

$$\mathrm{Res}[f(z),\mathrm{i}]=\lim_{z\to\mathrm{i}}\frac{\mathrm{d}}{\mathrm{d}z}[(z-\mathrm{i})^2f(z)]=$$

$$\left[\frac{z^2}{(z+\mathrm{i})^2}\right]'\Big|_{z=\mathrm{i}}=-\frac{\mathrm{i}}{4}$$

$$\mathrm{Res}[f(z,-\mathrm{i})]=\left[\frac{z^2}{(z-\mathrm{i})^2}\right]'\Big|_{z=-\mathrm{i}}=\frac{\mathrm{i}}{4}$$

$$\mathrm{Res}[f(z),\infty]=-\{\mathrm{Res}[f(z),\mathrm{i}]+\mathrm{Res}[f(z),-\mathrm{i}]\}=0$$

解法 2　因为

$$\frac{1}{(z^2+1)^2}=-\frac{1}{4(z-\mathrm{i})^2}-\frac{\mathrm{i}}{4(z-\mathrm{i})}+$$

$$\sum_{n=0}^{\infty}\frac{(n+3)\mathrm{i}^n(z-\mathrm{i})^n}{2^{n+4}}\quad(0<|z-\mathrm{i}|<2)$$

故

$$f(z)=[(z-\mathrm{i})+\mathrm{i}]^2\left[-\frac{1}{4(z-\mathrm{i})^2}-\frac{\mathrm{i}}{4(z-\mathrm{i})}+\right.$$

$$\left.\sum_{n=0}^{\infty}\frac{(n+3)\mathrm{i}^n(z-\mathrm{i})^n}{2^{n+4}}\right]$$

所以

$$\mathrm{Res}[f(z),\mathrm{i}]=-\frac{\mathrm{i}}{2}+\frac{\mathrm{i}}{4}=-\frac{\mathrm{i}}{4}$$

类似可得

$$\mathrm{Res}[f(z),-\mathrm{i}]=\frac{\mathrm{i}}{4}$$

又由

$$\frac{1}{(z^2+1)^2}=\sum_{n=1}^{\infty}(-1)^{n+1}\frac{n}{z^{2n+2}} \quad (\mid z\mid>1)$$

于是当 $\mid z\mid>1$ 时

$$f(z)=\sum_{n=1}^{\infty}(-1)^{n+1}\frac{n}{z^{2n}}$$

所以

$$\mathrm{Res}[f(z),\infty]=-c_{-1}=0$$

(3) 因 $z=-1$ 是 $f(z)=\dfrac{z^{2n}}{(1+z)^n}$ 的 n 阶极点，所以

$$\mathrm{Res}[f(z),-1]=\frac{1}{(n-1)!}\left[\frac{\mathrm{d}^{n-1}}{\mathrm{d}z^{n-1}}(z^{2n})\right]\Big|_{z=-1}=$$

$$(-1)^{n+1}\frac{(2n)!}{(n-1)!\ (n+1)!}$$

故

$$\mathrm{Res}[f(z),\infty]=(-1)^n\frac{(2n)!}{(n-1)!\ (n+1)!}$$

(4) 因 $\lim\limits_{z\to0}\dfrac{z}{\sin z}=1,(\sin z)'\Big|_{z=k\pi}\neq0$，所以 $z=0$ 与 $z=k\pi(k=\pm1,$ $\pm2,\cdots)$ 分别是 $f(z)$ 的可去奇点与简单极点，于是

$$\mathrm{Res}[f(z),k\pi]=\frac{\varphi(k\pi)}{\psi'(k\pi)}=(-1)^k k\pi$$

其中 $\varphi(z)=z,\psi(z)=\sin z,k=\pm1,\pm2,\cdots$

(5) 显然 $z=a$ 与 $z=b$ 是 $f(z)=\dfrac{\mathrm{e}^z}{(z-a)(z-b)}$ 的一阶极点，故

$$\mathrm{Res}[f(z),a]=\lim_{z\to a}(z-a)f(z)=\frac{\mathrm{e}^a}{a-b}$$

$$\mathrm{Res}[f(z),b]=\lim_{z\to b}\frac{\mathrm{e}^z}{z-a}=\frac{\mathrm{e}^b}{b-a}$$

当 $a=b$ 时，则

$$f(z)=\frac{\mathrm{e}^z}{(z-a)^2}=\frac{\mathrm{e}^{a+(z-a)}}{(z-a)^2}=\frac{\mathrm{e}^a}{(z-a)^2}\sum_{n=0}^{\infty}\frac{1}{n!}(z-a)^n$$

所以

$$\mathrm{Res}[f(z),a]=c_{-1}=\mathrm{e}^a \quad (a=b)$$

故当 $a \neq b$ 时,$\mathrm{Res}[f(z),\infty] = \dfrac{\mathrm{e}^a - \mathrm{e}^b}{b-a}$;当 $a=b$ 时,$\mathrm{Res}[f(z),\infty] = -\mathrm{e}^a$.

在 $12 \sim 18$ 题中,求出函数 $f(z)$ 关于孤立奇点(按 11 题的要求)的留数.

⓬ $f(z) = \cot \dfrac{\pi z}{(z-a)^2}$.

解　若 a 不是整数,则 a 是 $f(z)$ 的二阶极点,此时 $z=k(k$ 为整数) 是 $f(z)$ 的简单极点,故有

$$\mathrm{Res}[f(z),a] = (\cot \pi z)' \Big|_{z=a} = -\pi \csc^2 \pi a$$

$$\mathrm{Res}[f(z),k] = \frac{\varphi(k)}{\psi'(k)} = \frac{1}{\pi(k-a)^2}$$

其中

$$\varphi(z) = \cos \pi z,\psi(z) = (z-a)^2 \sin \pi z$$

若 a 是整数,令 $z-a = \zeta$,即 $z=a+\zeta$,于是

$$\frac{\cot \pi z}{(z-a)^2} = \frac{1}{\zeta^2} \cdot \frac{\cos \pi \zeta}{\sin \pi \zeta} = \frac{1}{\zeta^2} \cdot \frac{1 + \dfrac{(\pi\zeta)^2}{2!} + \cdots}{\pi\zeta - \dfrac{(\pi\zeta)^3}{3!} + \cdots} =$$

$$\frac{1}{\zeta^3}\left(\frac{1}{\pi} - \frac{\pi}{3}\zeta^2 + \cdots\right)$$

所以 $\mathrm{Res}[f(z),a] = -\dfrac{\pi}{3}$,$z = \infty$ 是极点的极限点.

⓭ $f(z) = \dfrac{z^4}{(z^2 - a^2)^4}$,$a \neq 0$.

解　$z = \pm a$ 是极点,令 $z-a = \zeta$,于是

$$\frac{z^4}{(z^2-a^2)^4} = \frac{1}{16\zeta^4} \cdot \frac{(1+\dfrac{\zeta}{a})^4}{(1+\dfrac{\zeta}{2a})^4} =$$

$$\frac{1}{16\zeta^4}\left(1+\frac{\zeta}{a}\right)^4 \sum_{n=0}^{\infty} \binom{-4}{n}\left(\frac{\zeta}{2a}\right)^n \quad (|\zeta| < 2|a|)$$

由于

$$\left(1+\frac{\zeta}{a}\right)^4 = 1 + \frac{4}{a}\zeta + \frac{6}{a^2}\zeta^2 + \frac{4}{a^3}\zeta^3 + \frac{1}{a^4}\zeta^4$$

$$\sum_{n=0}^{\infty}\binom{-4}{n}\left(\frac{\zeta}{2a}\right)^n=1-\frac{2}{a}\zeta+\frac{5}{2a^2}\zeta^2-\frac{5}{2a^3}\zeta^3+\cdots$$

所以 $\dfrac{1}{\zeta}$ 的系数为

$$\frac{1}{16}\left(-\frac{5}{2a^3}+\frac{4}{a}\cdot\frac{5}{2a^2}-\frac{6}{a^2}\cdot\frac{2}{a}+\frac{4}{a^3}\right)=-\frac{1}{32a^3}$$

故

$$\operatorname{Res}[f(z),a]=-\frac{1}{32a^3}$$

类似可得(用 $-a$ 代替 a 即可)

$$\operatorname{Res}[f(z),-a]=\frac{1}{32a^3}$$

于是

$$\operatorname{Res}[f(z),\infty]=0$$

❶❹ $f(z)=\cos\dfrac{z^2+4z-1}{z+3}$.

解 显然 $z=-3$ 是 $f(z)$ 的孤立奇点.

因为

$$f(z)=\cos\left[z+1-\frac{4}{z+3}\right]=$$

$$\cos[(z+3)-2]\cos\frac{4}{z+3}+\sin[(z+3)-2]\sin\frac{4}{z+3}=$$

$$[\cos(z+3)\cos 2+\sin(z+3)\sin 2]\cos\frac{4}{z+3}+$$

$$[\sin(z+3)\cos 2-\cos(z+3)\sin 2]\sin\frac{4}{z+3}$$

由于

$$\cos(z+3)\cos 2\cos\frac{4}{z+3}$$

与

$$\sin(z+3)\cos 2\sin\frac{4}{z+3}$$

都是关于 $z+3$ 的偶函数,故其展式不包含 $\dfrac{1}{z+3}$ 的项,而

$$\sin(z+3)\cos\frac{4}{z+3}=\sum_{n=0}^{\infty}\frac{(-1)^n}{(2n+1)!}(z+3)^{2n+1}\sum_{n=0}^{\infty}\frac{(-1)^n}{(2n)!}\cdot\frac{4^{2n}}{(z+3)^{2n}}=$$

$$(z+3)\sum_{n=0}^{\infty}\frac{(-1)^n}{(2n)!}\cdot\frac{4^{2n}}{(z+3)^{2n}}-$$

$$\frac{(z+3)^3}{3!}\sum_{n=0}^{\infty}\frac{(-1)^n}{(2n)!}\cdot\frac{4^{2n}}{(z+3)^{2n}}+\cdots+$$

$$\frac{(-1)^n}{(2n+1)!}(z+3)^{2n+1}\sum_{n=0}^{\infty}\frac{(-1)^n}{(2n)!}\cdot\frac{4^{2n}}{(z+3)^{2n}}+\cdots$$

（这是因为两级数绝对收敛，用乘法法则而得），由此知 $\sin(z+3)\cos\dfrac{4}{z+3}$ 的

展式中 $\dfrac{1}{z+3}$ 的系数为

$$\sum_{n=0}^{\infty}\frac{(-1)^n}{(2n+1)!}\cdot\frac{(-1)^{n+1}4^{2(n+1)}}{[2(n+1)]!}=\sum_{n=1}^{\infty}\frac{-4^{2n}}{(2n-1)!\ (2n)!}$$

类似可得 $\cos(z+3)\sin\dfrac{4}{z+3}$ 的展式中 $\dfrac{1}{z+3}$ 的系数为

$$\sum_{n=0}^{\infty}\frac{(-1)^n}{(2n)!}\cdot\frac{(-1)^n 4^{2n+1}}{(2n+1)!}=\sum_{n=0}^{\infty}\frac{4^{2n+1}}{(2n)!\ (2n+1)!}$$

所以

$$\mathrm{Res}[f(z),3]=-\mathrm{Res}[f(z),\infty]=$$

$$-\sin 2\left[\sum_{n=1}^{\infty}\frac{4^{2n}}{(2n-1)!\ (2n)!}+\sum_{n=0}^{\infty}\frac{4^{2n+1}}{(2n)!\ (2n+1)!}\right]$$

⓯ $f(z)=\mathrm{e}^{z+\frac{1}{z}}$.

解　显然 $z=0$ 是 $f(z)$ 的孤立奇点，由于

$$f(z)=\mathrm{e}^{z+\frac{1}{z}}=\left(1+z+\frac{1}{2!}z^2+\cdots+\frac{1}{k!}z^k+\cdots\right)\sum_{n=0}^{\infty}\frac{1}{n!\ z^n}=$$

$$\sum_{n=0}^{\infty}\frac{1}{n!\ z^n}+\sum_{n=-1}^{\infty}\frac{1}{(n+1)!\ z^n}+\frac{1}{2!}\sum_{n=-2}^{\infty}\frac{1}{(n+2)!\ z^n}+\cdots+$$

$$\frac{1}{k!}\sum_{n=-k}^{\infty}\frac{1}{(n+k)!\ z^n}+\cdots=$$

$$\sum_{n=0}^{\infty}\left[\sum_{k=0}^{\infty}\frac{1}{k!\ (n+k)!}\right]\frac{1}{z^n}+\sum_{n=0}^{\infty}c_n z^n=$$

$$\sum_{n=0}^{\infty}c_{-n}z^{-n}+\sum_{n=1}^{\infty}c_n z^n$$

其中

$$c_{-n}=\sum_{k=0}^{\infty}\frac{1}{k!\ (n+k)!}\quad(n=0,1,2,\cdots)$$

所以

$$\text{Res}[f(z),0] = -\text{Res}[f(z),\infty] = \sum_{k=0}^{\infty} \frac{1}{k!\,(k+1)!}$$

⑯ $f(z) = \dfrac{z}{(z-z_1)^m(z-z_2)}, z_1 \neq z_2, m \neq 1.$

解 显然 $z = z_1$ 与 $z = z_2$ 分别是 $f(z)$ 的 m 阶极点与简单极点. 令 $\varphi(z) = z, \psi(z) = (z-z_1)^m(z-z_2).$

于是

$$\text{Res}[f(z),z_2] = \frac{\varphi(z_2)}{\psi'(z_2)} = \frac{z_2}{(z_2-z_1)^m}$$

$$\text{Res}[f(z),z_1] = \frac{1}{(m-1)!}\left(\frac{z}{z-z_2}\right)^{(m-1)}\bigg|_{z=z_1} =$$

$$\frac{(-1)^{m-1}z_2}{(z_1-z_2)^m} = -\frac{z_2}{(z_2-z_1)^m}.$$

$$\text{Res}[f(z),\infty] = -\{\text{Res}[f(z),z_1] + \text{Res}[f(z),z_2]\} = 0$$

⑰ $f(z) = \dfrac{1}{z(1-e^{-hz})}, h \neq 0.$

解 令 $1 - e^{-hz} = 0$,解得 $z = \dfrac{2k\pi i}{h}$(k 为整数).

显然 $z = 0(k=0)$ 是 $f(z)$ 的二阶极点,而 $z = \dfrac{2k\pi i}{h}(k \neq 0)$ 是 $f(z)$ 的简单极点,于是

$$\text{Res}\left[f(z),\frac{2k\pi i}{h}\right] = \frac{1}{\psi'\left(\frac{2k\pi i}{h}\right)} = \frac{1}{2k\pi i}$$

其中 $\psi(z) = z(1-e^{-hz}), k = \pm 1, \pm 2, \cdots$

$$\text{Res}[f(z),0] = \lim_{z\to 0}\left[\frac{z}{1-e^{-hz}}\right]' = \frac{1}{2}$$

$z = \infty$ 是极点的极限点.

⑱ $f(z) = \dfrac{\tan z}{z^n}, n$ 为自然数.

解 因 $f(z) = \dfrac{\tan z}{z^n} = \dfrac{\sin z}{z^n\cos z}$,而 $z = 0$ 与 $z = k\pi + \dfrac{\pi}{2}(k=0,\pm 1,\pm 2,\cdots)$

分别是 $f(z)$ 的 $n-1$ 阶极点与简单极点,所以

$$\mathrm{Res}\left[f(z),\left(k+\frac{1}{2}\right)\pi\right]=\frac{\sin\left(k+\frac{1}{2}\right)\pi}{\psi'\left[\left(k+\frac{1}{2}\right)\pi\right]}=\frac{-1}{\left(k+\frac{1}{2}\right)^{n}\pi^{n}}$$

其中 $\psi(z)=z^{n}\cos z, k=0,\pm1,\pm2,\cdots$

因为

$$\tan z=\sum_{k=1}^{\infty}(-1)^{k-1}\frac{2^{2k}(2^{2k}-1)B_{2k}}{(2k)!}z^{2k-1}\quad(|z|<\frac{\pi}{2})$$

其中 B_{2k} 是伯努利(Bernoulli)数,故

$$f(z)=\sum_{k=1}^{\infty}(-1)^{k-1}\frac{2^{2k}(2^{2k}-1)B_{2k}}{(2k)!}z^{2k-n-1}\quad(|z|<\frac{\pi}{2})$$

由此可知,当 n 为奇数时,$\frac{1}{z}$ 的系数为零;当 n 为偶数时,使 $2k-n-1=-1$ 的

k 是 $k=\frac{n}{2}$,所以 $\frac{1}{z}$ 的系数为

$$(-1)^{\frac{n}{2}-1}\frac{2^{n}(2^{n}-1)B_{n}}{n!}$$

所以

$$\mathrm{Res}[f(z),0]=0\quad(n\ \text{为奇数})$$

$$\mathrm{Res}[f(z),0]=(-1)^{\frac{n}{2}-1}\frac{2^{n}(2^{n}-1)B_{n}}{n!}\quad(n\ \text{为偶数})$$

$z=\infty$ 是极点的极限点.

❶❾ 若有限点 z_0 是 $f(z)$ 的一阶极点,则

$$\mathrm{Res}(f,z_0)=\lim_{z\to z_0}(z-z_0)f(z)$$

(这样就把留数的计算化为极限的计算了).

证 由假设知,存在 $r>0$,当 $0<|z-z_0|<r$ 时有

$$f(z)=\frac{c_{-1}}{z-z_0}+c_0+c_1(z-z_0)+c_2(z-z_0)^2+\cdots$$

令

$$g(z)=c_0+c_1(z-z_0)+c_2(z-z_0)^2+\cdots$$

则 $g(z)$ 于 $|z-z_0|<r$ 内解析. 又显然有

$$(z-z_0)f(z)=c_{-1}+(z-z_0)g(z)$$

因为 $\lim\limits_{z\to z_0}(z-z_0)g(z)=0$,故

$$\lim_{z \to z_0} (z - z_0) f(z) = c_{-1}$$

即 $\mathrm{Res}(f, z_0) = \lim\limits_{z \to z_0} (z - z_0) f(z)$. 证毕.

❷⓪ 若 z_0 是 $f(z)$ 的一阶极点，且 $f(z) = \dfrac{\psi(z)}{\varphi(z)}$，又 ψ, φ 于点 z_0 解析，$\varphi(z_0) = 0, \psi(z_0) \neq 0$，则

$$\mathrm{Res}(f, z_0) = \frac{\psi(z_0)}{\varphi'(z_0)}$$

（这样就把留数的计算化为求导的计算了）.

证 由上题知

$$\mathrm{Res}(f, z_0) = \lim_{z \to z_0} (z - z_0) f(z)$$

然而

$$\lim_{z \to z_0} (z - z_0) f(z) = \lim_{z \to z_0} (z - z_0) \cdot \frac{\psi(z)}{\varphi(z)} =$$

$$\lim_{z \to z_0} \frac{\psi(z)}{\dfrac{\varphi(z) - \varphi(z_0)}{z - z_0}} =$$

$$\frac{\psi(z_0)}{\varphi'(z_0)} \quad (\varphi(z_0) = 0)$$

（注意 $\psi(z)$ 解析因而连续）. 证毕.

❷① 假设函数 $f(z)$ 与 $\varphi(z)$ 在点 z_0 都是全纯的，并且 $f(z_0) \neq 0$，而 $\varphi(z)$ 在点 z_0 有一个二阶零点，试求 $\dfrac{f(z)}{\varphi(z)}$ 在点 z_0 处的留数.

解 由假设知，在点 z_0 的邻域内有

$$f(z) = \sum_{n=0}^{\infty} a_n (z - z_0)^n, \varphi(z) = \sum_{n=2}^{\infty} b_n (z - z_0)^n$$

其中 $a_n = \dfrac{f^{(n)}(z_0)}{n!}, b_n = \dfrac{\varphi^{(n)}(z_0)}{n!}$.

显然 z_0 为 $\dfrac{f(z)}{\varphi(z)}$ 的二阶极点，所以

$$\mathrm{Res}\left[\frac{f(z)}{\varphi(z)}, z_0\right] = \lim_{z \to z_0} \frac{\mathrm{d}}{\mathrm{d}z}\left[(z - z_0)^2 \frac{f(z)}{\varphi(z)}\right] =$$

$$\lim_{z \to z_0} \frac{\mathrm{d}}{\mathrm{d}z}\left[\frac{a_0 + a_1(z - z_0) + \cdots + a_n(z - z_0)^n + \cdots}{b_2 + b_3(z - z_0) + \cdots + b_{n+2}(z - z_0)^n + \cdots}\right]$$

因幂级数在收敛圆内可逐项微分,故

$$\mathrm{Res}\left[\frac{f(z)}{\varphi(z)},z_0\right]=$$

$$\lim_{z\to z_0}\left\{\frac{[a_1+2a_2(z-z_0)+\cdots][b_2+b_3(z-z_0)+\cdots]}{[b_2+b_3(z-z_0)+\cdots]^2}\cdot\right.$$

$$\left.\frac{[b_3+2b_4(z-z_0)+\cdots][a_0+a_1(z-z_0)+\cdots]}{[b_2+b_3(z-z_0)+\cdots]^2}\right\}=$$

$$\frac{a_1b_2-b_3a_0}{b_2^2}$$

注 也可用幂级数的除法求得 $\dfrac{f(z)}{\varphi(z)}$ 的展式,从而得到所求的留数.

❷❷ 在上题的假设下,试证明

$$\mathrm{Res}\left[\frac{f(z)}{\varphi(z)},z_0\right]=\frac{6f'(z_0)\varphi''(z_0)-2f(z_0)\varphi'''(z_0)}{3[\varphi''(z_0)]^2}$$

证 此题可用泰勒(Taylor)公式把前面的结果代入即得,但也可不用前面的结果直接证明如下:

因 z_0 是 $\varphi(z)$ 的二阶零点,所以 $\varphi(z)=(z-z_0)^2g(z)$,其中 $g(z)$ 在点 z_0 解析,且 $g(z_0)\neq 0$,于是

$$g(z)=\sum_{n=0}^{\infty}c_n(z-z_0)^n\quad(c_0\neq 0)$$

由于

$$g(z_0)=c_0=\frac{\varphi''(z_0)}{2}$$

$$g'(z_0)=c_1=\frac{\varphi'''(z_0)}{6}$$

而 z_0 是 $\dfrac{f(z)}{\varphi(z)}$ 的二阶极点,故

$$\mathrm{Res}\left[\frac{f(z)}{\varphi(z)},z_0\right]=\lim_{z\to z_0}\frac{\mathrm{d}}{\mathrm{d}z}\left[(z-z_0)^2\frac{f(z)}{\varphi(z)}\right]=$$

$$\lim_{z\to z_0}\frac{\mathrm{d}}{\mathrm{d}z}\left[\frac{f(z)}{g(z)}\right]=\frac{6f'(z_0)\varphi''(z_0)-2f(z_0)\varphi'''(z_0)}{3[\varphi''(z_0)]^2}$$

❷❸ 设 g 与 h 在点 z_0 处正则,且 $g(z_0)\neq 0$,$h(z_0)=h'(z_0)=\cdots=h^{(k-1)}(z_0)=0$,$h^{(k)}(z_0)\neq 0$,则 z_0 为 $\dfrac{g(z)}{h(z)}$ 的 k 阶极点,且留数为

$$\mathrm{Res}\left(\frac{g}{h}, z_0\right) = \left[\frac{k!}{h^{(k)}(z_0)}\right]^k \cdot$$

$$\begin{vmatrix} \dfrac{h^{(k)}(z_0)}{k!} & 0 & 0 & \cdots & 0 & g(z_0) \\[2ex] \dfrac{h^{(k+1)}(z_0)}{(k+1)!} & \dfrac{h^{(k)}(z_0)}{k!} & 0 & \cdots & 0 & g^{(1)}(z_0) \\[2ex] \dfrac{h^{(k+2)}(z_0)}{(k+2)!} & \dfrac{h^{(k+1)}(z_0)}{(k+1)!} & \dfrac{h^{(k)}(z_0)}{k!} & \cdots & 0 & \dfrac{g^{(2)}(z_0)}{2!} \\[2ex] \vdots & \vdots & \vdots & & \vdots & \vdots \\[2ex] \dfrac{h^{(2k-1)}(z_0)}{(2k-1)!} & \dfrac{h^{(2k-2)}(z_0)}{(2k-2)!} & \dfrac{h^{(2k-3)}(z_0)}{(2k-3)!} & \cdots & \dfrac{h^{(k)}(z_0)}{k!} & \dfrac{g^{(k-1)}(z_0)}{(k-1)!} \end{vmatrix}$$

证 设 $f(z) = \dfrac{g(z)}{h(z)}$,则 z_0 为 $f(z)$ 的 k 阶极点,(因 $g(z_0) \neq 0$,z_0 为 $h(z)$ 的 k 阶零点) 故可写为

$$f(z) = \frac{g(z)}{h(z)} = \frac{b_k}{(z-z_0)^k} + \cdots + \frac{b_1}{z-z_0} + \rho(z)$$

其中 $\rho(z)$ 为正则函数. 不妨设 z_0 为 $g(z)$ 的 m 阶零点,则 z_0 为 $h(z)$ 的 $k+m$ 阶零点,从而

$$g(z) = \sum_{n=m}^{\infty} \frac{g^{(n)}(z_0)(z-z_0)^n}{n!}$$

$$h(z) = \sum_{n=m+k}^{\infty} \frac{h^{(n)}(z_0)(z-z_0)^n}{n!}$$

因此

$$\sum_{n=m}^{\infty} \frac{g^{(n)}(z_0)(z-z_0)^n}{n!} = \left[\sum_{n=m+k}^{\infty} \frac{h^{(n)}(z_0)(z-z_0)^n}{n!}\right] \cdot$$
$$\left[\frac{b_k}{(z-z_0)^k} + \cdots + \frac{b_1}{z-z_0} + \rho(z)\right]$$

把右边乘开,再比较两边关于 $(z-z_0)^m, (z-z_0)^{m+1}, \cdots, (z-z_0)^{m+k-1}$ 的系数,得到含 $b_1, b_2, \cdots, b_k$ 的 k 个方程,由此便可求得 b_1,写成行列式形式即得所证.(实际上,题目要求的是 $m=0$,上面的证明是就更一般情形来考虑的)

例如,$f(z) = \dfrac{e^z}{\sin^3 z}$,$z=0$ 为三阶极点,$g(z) = e^z$,$h(z) = \sin^3 z$,$g^{(k)}(0) = 1$,$h'''(0) = 6$,$h^{(4)}(0) = 0$,$h^{(5)}(0) = -24$,于是留数为

$$\left(\frac{3!}{6}\right)^3 \cdot \begin{vmatrix} 1 & 0 & 1 \\ 0 & 1 & 1 \\ -\dfrac{1}{5} & 0 & \dfrac{1}{2} \end{vmatrix} = \begin{vmatrix} 0 & 0 & 1 \\ -1 & 1 & 1 \\ -\dfrac{7}{10} & 0 & \dfrac{1}{2} \end{vmatrix} = \frac{7}{10}$$

❷❹ 求下列函数的留数：

$(1) e^{\frac{a}{2}\left(z-\frac{1}{z}\right)}$ ；$(2) \dfrac{z}{\cos z}$ ；$(3) \dfrac{z^{2n}}{(z+1)^n}$.

解　(1) 因 $z=0$ 为本性奇点，我们有

$$f(z) = e^{\frac{az}{2}} e^{-\frac{a}{2z}} = \left[1 + \frac{a}{2}z + \frac{1}{2!}\left(\frac{a}{2}\right)^2 z^2 + \frac{1}{3!}\left(\frac{a}{2}\right)^3 z^3 + \cdots\right] \cdot$$

$$\left[1 - \frac{a}{2} \cdot \frac{1}{z} + \frac{1}{2!}\left(\frac{a}{2}\right)^2 \cdot \frac{1}{z^2} - \frac{1}{3!}\left(\frac{a}{2}\right)^3 \cdot \frac{1}{z^3} + \cdots\right]$$

由此求出 $\dfrac{1}{z}$ 的系数

$$\text{Res}(f,0) = -\frac{a}{2} + \frac{1}{2!}\left(\frac{a}{2}\right)^3 - \frac{1}{2!\,3!}\left(\frac{a}{2}\right)^5 + \cdots =$$

$$-\sum_{n=0}^{\infty} \frac{(-1)^n}{n!\,(n+1)!}\left(\frac{a}{2}\right)^{2n+1} = -J_1(a)$$

其中 $J_1(a)$ 为一阶柱贝塞尔(Bessel) 函数.

(2) 因为 $g(z)=z$，$h(z)=\cos z$，$z_0 = (2n+1)\dfrac{\pi}{2}$，且 $g(z_0) \neq 0$，$h(z_0) = 0$，$h'(z_0) \neq 0$，所以

$$\text{Res}(f,z_0) = \frac{g(z_0)}{h'(z_0)} = (-1)^{n-1}(2n+1)\frac{\pi}{2}$$

(3) 点 $z_0 = -1$ 与 $z_0 = \infty$ 为 n 阶极点.

$$\text{Res}(f,-1) = (-1)^{n+1} c_{2n}^{n+1}$$

$$\text{Res}(f,\infty) = (-1)^n c_{2n}^{n+1}$$

在下面的 $25 \sim 29$ 题中，求出所给多值函数的每一个单值支关于所指点的留数.

❷❺ 求 $f(z) = \dfrac{1}{\sqrt{2-z}+1}$ 在点 $z=1$ 处的留数.

解　对于由 $\sqrt{1}=1$ 所确定的 $\sqrt{2-z}$ 的一支，函数 $f(z)$ 在点 $z=1$ 解析，

即 $z=1$ 不是奇点,故不考虑(或说此点留数为零).

对于由 $\sqrt{1}=-1$ 所决定的一支,因为 $(\sqrt{2-z}+1)'\Big|_{z=1}\neq 0$,所以 $z=1$ 是简单极点,故

$$\operatorname{Res}[f(z),1]=\frac{1}{(\sqrt{2-z}+1)'}\Big|_{z=1}=2$$

❷❻ 求 $f(z)=\dfrac{z^a}{1-\sqrt{z}}\ (z^a=\mathrm{e}^{a\ln z})$ 在点 $z=1$ 处的留数.

解 先考虑使 $\sqrt{1}=1$ 的分支,由于分母 $1-\sqrt{z}=-\dfrac{z-1}{1+\sqrt{z}}$,且 $\dfrac{1}{1+\sqrt{z}}\Big|_{z=1}\neq$

0,所以 $z=1$ 是分母 $1-\sqrt{z}$ 的简单零点,而

$$z^a=\mathrm{e}^{a\ln z}=\mathrm{e}^{a(\ln|z|+\mathrm{i}\arg z+2k\pi\mathrm{i})}\quad(k=0,\pm1,\cdots)$$

对 z^a 的任一支(任意固定的 k),$z=1$ 是所对应的 $f(z)$ 的单值支的简单极点,故

$$\operatorname{Res}[f(z),1]=\frac{z^a}{(1-\sqrt{z})'}\Big|_{z=1}=\frac{\mathrm{e}^{a\ln 1}}{-\dfrac{1}{2}}=-2\mathrm{e}^{2k\pi a\mathrm{i}}$$

这里 $\sqrt{1}=1,\ln 1=2k\pi\mathrm{i}$.

其次考虑 $\sqrt{1}=-1$ 的分支,此时分母在 $z=1$ 处不为零,即 $z=1$ 是各单值支的正则点,故不考虑.

❷❼ 求 $f(z)=\mathrm{e}^z\ln\dfrac{z-\alpha}{z-\beta}$ 在点 $z=\infty$ 处的留数.

解 因为

$$\ln\frac{z-\alpha}{z-\beta}=\ln\frac{1-\dfrac{\alpha}{z}}{1-\dfrac{\beta}{z}}$$

令 $\varphi(z)=\ln(1-z)$,对它的任意一支

$$\varphi(0)=\ln 1,\varphi'(z)=-\frac{1}{1-z},\varphi''(z)=-\frac{1}{(1-z)^2},\cdots,\varphi^{(n)}(z)=-\frac{(n-1)!}{(1-z)^n},\cdots$$

于是

$$\varphi^{(n)}(0)=-(n-1)!$$

所以

$$\ln(1-z)=\ln 1-\sum_{n=1}^{\infty}\frac{1}{n}z^{n}\quad(\,|\,z\,|<1)$$

于是

$$\ln\frac{z-\alpha}{z-\beta}=\ln 1-\sum_{n=1}^{\infty}\frac{1}{n}\cdot\frac{\alpha^{n}}{z^{n}}-\ln 1+\sum_{n=1}^{\infty}\frac{1}{n}\cdot\frac{\beta^{n}}{z^{n}}=$$

$$\sum_{n=1}^{\infty}\frac{1}{n}\cdot\frac{\beta^{n}-\alpha^{n}}{z^{n}}\quad(\,|\,z\,|>\max(|\,\alpha\,|,|\,\beta\,|))$$

因这里是任意固定的一支,故 $\ln 1-\ln 1=0$,所以对 $\ln\dfrac{z-\alpha}{z-\beta}$ 的任何一支,均有

$$f(z)=\mathrm{e}^{z}\ln\frac{z-\alpha}{z-\beta}=\sum_{n=0}^{\infty}\frac{z^{n}}{n\,!}\left(\sum_{n=1}^{\infty}\frac{\beta^{n}-\alpha^{n}}{n}\cdot\frac{1}{z^{n}}\right)=$$

$$\left(\frac{\beta-\alpha}{z}+\frac{\beta^{2}-\alpha^{2}}{2z^{2}}+\cdots\right)+$$

$$z\left(\frac{\beta-\alpha}{z}+\frac{\beta^{2}-\alpha^{2}}{2z^{2}}+\cdots\right)+$$

$$\frac{z^{2}}{2\,!}\left(\frac{\beta-\alpha}{z}+\frac{\beta^{2}-\alpha^{2}}{2z^{2}}+\frac{\beta^{3}-\alpha^{3}}{3z^{3}}+\cdots\right)+\cdots$$

由此可见,$\dfrac{1}{z}$ 的系数为

$$\sum_{n=0}^{\infty}\frac{\beta^{n}-\alpha^{n}}{n\,!}=\sum_{n=0}^{\infty}\frac{\beta^{n}}{n\,!}-\sum_{n=0}^{\infty}\frac{\alpha^{n}}{n\,!}=\mathrm{e}^{\beta}-\mathrm{e}^{\alpha}$$

所以对 $\ln\dfrac{z-\alpha}{z-\beta}$ 的一切分支

$$\mathrm{Res}[\,f(z),\infty]=-(\mathrm{e}^{\beta}-\mathrm{e}^{\alpha})=\mathrm{e}^{\alpha}-\mathrm{e}^{\beta}$$

❷❽ 求 $f(z)=\ln z\cos\dfrac{1}{z-1}$ 在点 $z=1$ 处的留数.

解　因 $f(z)=\ln[1-(1-z)]\cos\dfrac{1}{z-1}$,所以

$$f(z)=\left[\ln 1-\sum_{n=1}^{\infty}\frac{(1-z)^{n}}{n}\right]\sum_{n=0}^{\infty}\frac{(-1)^{n}}{(2n)\,!}\cdot\frac{1}{(z-1)^{2n}}=$$

$$\ln 1\sum_{n=0}^{\infty}\frac{(-1)^{n}}{(2n)\,!}\cdot\frac{1}{(z-1)^{2n}}+$$

$$\frac{(z-1)}{1}\left[1-\frac{1}{2\,!}\cdot\frac{1}{(z-1)^{2}}+\cdots\right]+\cdots+$$

$$\frac{(-1)^{n+1}(z-1)^{n}}{n}\sum_{n=0}^{\infty}\frac{(-1)^{n}}{(2n)\,!}\cdot\frac{1}{(z-1)^{2n}}+\cdots$$

由此可见,$\dfrac{1}{z-1}$ 的系数为

$$\sum_{n=1}^{\infty}\frac{(-1)^{2n}(-1)^n}{(2n-1)(2n)!}=\sum_{n=1}^{\infty}\frac{(-1)^n}{(2n-1)(2n)!}=\mathrm{Res}[f(z),1]$$

这对于 $\ln z$ 的一切分支都成立.

❷❾ $f(z)=z^n\ln\dfrac{z-\alpha}{z-\beta}$,$n$ 为整数,$\alpha\neq 0$,$\beta\neq 0$,且 $\alpha\neq\beta$,求在点 $z=0$ 处的留数.

解 因 $\ln\dfrac{z-\alpha}{z-\beta}=\ln\dfrac{\alpha}{\beta}+\left[\ln\left(\dfrac{z}{\alpha}-1\right)-\ln\left(\dfrac{z}{\beta}-1\right)\right]$,而

$$\ln\left(\frac{z}{\alpha}-1\right)=\ln(-1)-\sum_{n=1}^{\infty}\frac{z^n}{n\alpha^n}+\ln 1$$

$$\ln\left(\frac{z}{\beta}-1\right)=\ln(-1)-\sum_{n=1}^{\infty}\frac{z^n}{n\beta^n}+\ln 1$$

于是对任意固定的对数的一支

$$\ln\frac{z-\alpha}{z-\beta}=\ln\frac{\alpha}{\beta}+\sum_{n=1}^{\infty}\frac{1}{n}\left(\frac{1}{\beta^n}-\frac{1}{\alpha^n}\right)z^n$$

所以对于 $\ln\dfrac{z-\alpha}{z-\beta}$ 的任何一支

$$f(z)=z^n\ln\frac{z-\alpha}{z-\beta}=z^n\ln\frac{\alpha}{\beta}+\sum_{k=1}^{\infty}\frac{1}{k}\left(\frac{1}{\beta^k}-\frac{1}{\alpha^k}\right)z^{k+n}$$

由于 $\ln\dfrac{z-\alpha}{z-\beta}$ 各支在点 $z=0$ 都解析,所以只要看 $z=0$ 是 z^n 奇点的情况,这显然只需考虑 $n<0$ 的情形.

当 $n=-1$ 时

$$\mathrm{Res}[f(z),0]=\ln\frac{\alpha}{\beta}$$

当 $n\leqslant -2$ 时

$$\mathrm{Res}[f(z),0]=\frac{1}{n+1}(\alpha^{n+1}-\beta^{n+1})$$

这是因为此时 $k=-(n+1)$,才有 $k+n=-1$,于是

$$\frac{1}{-(n+1)}\left[\frac{1}{\beta^{-(n+1)}}-\frac{1}{\alpha^{-(n+1)}}\right]=\frac{1}{n+1}(\alpha^{n+1}-\beta^{n+1})$$

❸⓿ 若 $f(z)$ 在逐段光滑的闭曲线 Γ 所围成的闭域 D 上除点 $z=$

$a(a \in D)$ 外解析,点 a 是 $f(z)$ 的 n 阶极点,则当 $(z-a)^n f(z) = g(z)$ 时

$$\int_\Gamma f(z)\mathrm{d}z = \frac{2\pi\mathrm{i}}{(n-1)!} g^{(n-1)}(a)$$

证　因点 a 是 $f(z)$ 的 n 阶极点,所以

$$f(z) = \sum_{k=-n}^\infty c_k (z-a)^k \quad (\mid z-a \mid < R)$$

其中 R 为 a 到 Γ 的距离,于是

$$\int_\Gamma f(z)\mathrm{d}z = 2\pi\mathrm{i}c_{-1}$$

又

$$g(z) = (z-a)^n f(z) = \sum_{k=-n}^\infty c_k (z-a)^{n+k}$$

于是

$$g^{(n-1)}(a) = (n-1)!\ c_{-1}$$

所以

$$\int_\Gamma f(z)\mathrm{d}z = \frac{2\pi\mathrm{i}}{(n-1)!} g^{(n-1)}(a)$$

㉛ 若 f_1 与 f_2 在 $z=z_0$ 处有单极点,证明 $f_1 f_2$ 以 $z=z_0$ 为二阶极点,并推导其留数公式.

证　由已知

$$f_1(z) = \frac{b_1}{z-z_0} + g_1(z)$$

$$f_2(z) = \frac{c_1}{z-z_0} + g_2(z)$$

$g_1(z)$ 与 $g_2(z)$ 在 z_0 处正则,并且 $b_1 \neq 0, c_1 \neq 0$.

所以

$$f_1(z)f_2(z) = \frac{b_1 c_1}{(z-z_0)^2} + [b_1 g_2(z) + c_1 g_1(z)] \frac{1}{z-z_0} + g_1(z)g_2(z)$$

其中 $b_1 c_1 \neq 0$,所以 z_0 为 $f_1 f_2$ 的二阶极点.

因此

$$\mathrm{Res}(f_1 f_2, z_0) = f_1(z_0)\mathrm{Res}(f_2, z_0) + f_2(z_0)\mathrm{Res}(f_1, z_0)$$

32 求 $I = \int_C \dfrac{\mathrm{d}z}{(z-1)^2(z-2)^3\sqrt{z+5}}$，其中 C 为以 $z=0$ 为圆心，

4 为半径的圆，积分取正向．

解 因在 C 内 $f(z)$ 有一个二阶极点 $z=1$，与一个三阶极点 $z=2$，分别求其留数

$$f(z) = \frac{1}{t^2(t-1)^3\sqrt{6+t}} =$$

$$-\frac{1}{t^2\sqrt{6}}(1-t)^{-3}\left(1+\frac{t}{6}\right)^{-\frac{1}{2}} =$$

$$-\frac{1}{t^2\sqrt{6}}(1+3t+6t^2+\cdots)\left(1-\frac{1}{2}\times\frac{t}{6}-\frac{1}{2}\times\frac{3t^2}{4\times 36}+\cdots\right) =$$

$$-\frac{1}{\sqrt{6}}\left(\frac{1}{t^2}+\frac{35}{12t}+\cdots\right) \quad (t=z-1)$$

又

$$f(z) = \frac{1}{t^3\sqrt{7}}(1+t)^{-2}\left(1+\frac{t}{7}\right)^{-\frac{1}{2}} =$$

$$\frac{1}{t^3\sqrt{7}}(1-2t+3t^2-4t^3+\cdots)\left(1-\frac{1}{2}\times\frac{t}{7}+\frac{1\times 3\times t^2}{2\times 4\times 49}-\cdots\right) =$$

$$\frac{1}{\sqrt{7}}\left[\frac{1}{t^3}-\frac{29}{14t^2}+\left(3+\frac{59}{8\times 49}\right)\frac{1}{t}-\cdots\right] \quad (t=z-2)$$

故 $f(z)$ 在 $z=1$ 与 $z=2$ 处的留数分别为

$$-\frac{35}{12\sqrt{6}} \quad \text{与} \quad \left(3+\frac{59}{392}\right)\frac{1}{\sqrt{7}}$$

所以

$$I = \left(\frac{6}{\sqrt{7}}+\frac{59}{196\sqrt{7}}-\frac{35}{6\sqrt{6}}\right)\pi\mathrm{i}$$

33 求 $I = \int_C \dfrac{z^3}{1+z}\mathrm{e}^{\frac{1}{z}}\mathrm{d}z$，其中 C 为圆 $|z|=2$．

解 若 $|z|>1$，则

$$f(z) = \frac{z^3}{z+1}\mathrm{e}^{\frac{1}{z}} = z^2\left(1-\frac{1}{z}+\frac{1}{z^2}-\cdots\right)\left(1+\frac{1}{z}+\frac{1}{2z^2}+\cdots\right) =$$

$$z^2+\frac{1}{2}-\frac{1}{3z}+\frac{3}{8z^2}+\cdots$$

所以

$$\mathrm{Res}(f,\infty)=\frac{1}{3}$$

其中 $z=\infty$ 为 $f(z)$ 的二阶极点.

所以

$$I=-\frac{2}{3}\pi\mathrm{i}$$

❸❹ 求下列各积分：

(1) $I=\displaystyle\int_{|z|=4}\frac{z^{15}}{(z^2+1)^2(z^4+2)^3}\mathrm{d}z$；

(2) $I=\displaystyle\int_r\frac{\mathrm{d}z}{z^4+1}$，其中 r 为 $|z|=2$ 的上半圆与实轴上的线段 $[-2,2]$；

(3) $I=\displaystyle\int_r\frac{1+z}{1-\cos z}\mathrm{d}z$，其中 r 为圆 $|z|=7$；

(4) $I=\displaystyle\int_c\frac{\mathrm{e}^z\mathrm{d}z}{z^2+a^2}$，$C$：$|z|=b,b>|a|$.

解　(1) $f(z)$ 在有限奇点处的留数不方便求，而 $z=\infty$ 为 $f(z)$ 的一阶零点，它的展开式的正则部分由 $\frac{1}{z}$ 开始，因此 $c_{-1}=-\mathrm{Res}(f,\infty)=1$，所以

$$I=-\mathrm{Res}(f,\infty)\cdot 2\pi\mathrm{i}=2\pi\mathrm{i}$$

(2) $f(z)$ 在周道内有两个单极点：$z_1=\mathrm{e}^{\frac{1}{4}\pi\mathrm{i}}$，$z_2=\mathrm{e}^{\frac{3}{4}\pi\mathrm{i}}$，而

$$\mathrm{Res}(f,\mathrm{e}^{\frac{1}{4}\pi\mathrm{i}})=-\frac{1}{4}\mathrm{e}^{\frac{1}{4}\pi\mathrm{i}}$$

$$\mathrm{Res}(f,\mathrm{e}^{\frac{3}{4}\pi\mathrm{i}})=\frac{1}{4}\mathrm{e}^{-\frac{1}{4}\pi\mathrm{i}}$$

所以

$$I=\frac{2\pi\mathrm{i}}{4}(\mathrm{e}^{-\frac{1}{4}\pi\mathrm{i}}-\mathrm{e}^{\frac{1}{4}\pi\mathrm{i}})=\frac{\pi}{2}\sin\frac{\pi}{4}=\frac{\pi}{2\sqrt{2}}$$

(3) $\cos z=1$ 的根为 $2n\pi$，但在 $|z|=1$ 内 $f(z)$ 仅有 $z_1=0,z_2=2\pi,z_3=-2\pi$ 三个二阶极点，而

$$\mathrm{Res}(f,z_1)=2,\mathrm{Res}(f,z_2)=2,\mathrm{Res}(f,z_3)=2$$

所以

$$I=2\pi\mathrm{i}(2+2+2)=12\pi\mathrm{i}$$

(4) $f(z) = \dfrac{e^z}{z^2 + a^2}$ 在 $|z| = b$ 内有两个单极点 $z_1 = ia$，$z_2 = -ia$，而

$$\mathrm{Res}(f, z_1) = \frac{e^{ia}}{2ia}$$

$$\mathrm{Res}(f, z_2) = -\frac{e^{-ia}}{2ia}$$

所以

$$I = 2\pi i \cdot \frac{1}{a}\left(\frac{e^{ia} - e^{-ia}}{2i}\right) = 2\pi i \, \frac{\sin a}{a}$$

在 35,36 题中，试计算所给的积分，其中闭路 C 是正方向.

㉟ 求 $\displaystyle\int_C \frac{\mathrm{d}z}{z^4 + 1}$，其中 C 为圆周 $x^2 + y^2 - 2x = 0$.

解 因为 C 是以 $(1,0)$ 为中心，1 为半径的圆周，即 $(x-1)^2 + y^2 = 1$. 又显然 $z_k = e^{\frac{(2k+1)\pi}{4}}$ $(k = 0,1,2,3)$ 是被积函数的单极点，且只有 $z_0 = e^{\frac{\pi}{4}}$ 与 $z_3 = e^{\frac{7\pi i}{4}}$ 在 C 的内部，故

$$\mathrm{Res}\left(\frac{1}{z^4 + 1}, z_0\right) = \lim_{z \to e^{\frac{\pi i}{4}}} \frac{z - e^{\frac{\pi i}{4}}}{z^4 + 1} = \frac{1}{4e^{\frac{3\pi i}{4}}} = -\frac{i+1}{4\sqrt{2}}$$

$$\mathrm{Res}\left(\frac{1}{z^4 + 1}, z_3\right) = \lim_{z \to e^{\frac{7\pi i}{4}}} \frac{z - e^{\frac{7\pi i}{4}}}{z^4 + 1} = \frac{1}{-4\left(\frac{\sqrt{2}}{2} + i\frac{\sqrt{2}}{2}\right)} = \frac{i-1}{4\sqrt{2}}$$

因此

$$\int_C \frac{\mathrm{d}z}{z^4 + 1} = 2\pi i\left[\mathrm{Res}\left(\frac{1}{z^4 + 1}, z_0\right) + \mathrm{Res}\left(\frac{1}{z^4 + 1}, z_3\right)\right] = -\frac{\pi i}{\sqrt{2}}$$

㊱ 求 $\displaystyle\int_C \frac{\mathrm{d}z}{(z-3)(z^5 - 1)}$，其中 C 是圆周 $|z| = 2$.

解 被积函数记为 $f(z)$，在圆周 $|z| = 2$ 内只有单极点 $e^{\frac{2k\pi i}{5}}$ $(k = 0,1,2,3,4)$. $z = 3$ 是被积函数 $f(z)$ 的一阶极点，且在 C 之外，而

$$\mathrm{Res}[f(z), 3] = \lim_{z \to 3} \frac{1}{z^5 - 1} = \frac{1}{242}$$

$z = \infty$ 是 $f(z)$ 的六阶零点，故 $\mathrm{Res}[f(z), \infty] = 0$，因此

$$\int_C \frac{\mathrm{d}z}{(z-3)(z^5 - 1)} = -2\pi i\{\mathrm{Res}[f(z), 3] + \mathrm{Res}[f(z), \infty]\} = -\frac{\pi i}{121}$$

❸❼ 若 $f(z)$ 在扩充了的平面上只有有限个奇点,则 $f(z)$ 在各奇点的留数之和为零.

证 设 $f(z)$ 在扩充了的平面上的奇点是 $z_1, z_2, \cdots, z_n, \infty$①,取 $r = \max\{|z_1|, |z_2|, \cdots, |z_n|\}$,因此(以下 $R > r$)

$$\int_{C+|z|=R} f(z)\mathrm{d}z = 2\pi\mathrm{i} \sum_{k=1}^{n} \mathrm{Res}(f, z_k)$$

或

$$\sum_{k=1}^{\infty} \mathrm{Res}(f, z_k) + \frac{1}{2\pi\mathrm{i}} \int_{C^-} f(z)\mathrm{d}z = 0 \tag{1}$$

而 $\dfrac{1}{2\pi\mathrm{i}} \displaystyle\int_{C^-} f(z)\mathrm{d}z$ 即 $f(z)$ 在 ∞ 处的留数,因此等式(1)就是所要证明的结论. 证毕.

❸❽ 求 $\dfrac{z^7}{(z^2-1)^3(z^2+2)}$ 在各有限的孤立奇点的留数和.

解 $\dfrac{z^7}{(z^2-1)^3(z^2+2)}$ 的有限孤立奇点是 $+1, -1, \sqrt{2}\mathrm{i}, -\sqrt{2}\mathrm{i}$,若直接计算,则需要分别计算这四个奇点的留数. 如果计算出函数在 ∞ 处的留数,再将此留数变号即得所求结果. 下面求 $\dfrac{z^7}{(z^2-1)^3(z^2+2)}$ 在 ∞ 处的留数,因为

$$\frac{z^7}{(z^2-1)^3(z^2+2)} = \frac{z^7}{z^8\left(1-\dfrac{1}{z^2}\right)^3\left(1+\dfrac{2}{z^2}\right)} =$$

$$\frac{1}{z}\left(1-\frac{1}{z^2}\right)^{-3}\left(1+\frac{2}{z^2}\right)^{-1} =$$

$$\frac{1}{z}\left(1+\frac{3}{z^2}+\cdots\right)\left(1-\frac{2}{z^2}+\cdots\right) =$$

$$\frac{1}{z} + \frac{1}{z^3} + \cdots$$

所以

$$\mathrm{Res}\left[\frac{z^7}{(z^2-1)^3(z^2+2)}, \infty\right] = -1$$

故 $\dfrac{z^7}{(z^2-1)^3(z^2+2)}$ 在奇点 $+1, -1, \sqrt{2}\mathrm{i}, -\sqrt{2}\mathrm{i}$ 的留数之和等于 $+1$.

---

① ∞ 点必是奇点,故不必假设.

❸❾ 求 $\dfrac{1}{2\pi i}\displaystyle\int_C \dfrac{f(z)}{zg(z)}dz$，其中 C 是简单闭路，C 的内部 G 包含点 $z=0$，$f(z)$ 在闭域 $\overline{G}$ 上解析，$\dfrac{1}{g(z)}$ 在 C 上解析，且在 G 内除简单极点 a_k $(a_k\neq 0,k=1,2,\cdots,n)$ 外也解析.

解 由题设知，除去 $z=a$ 与 $z=a_k$ 外，被积函数（记为 $\varphi(z)$）在某一包含 $\overline{G}$ 的域 G_1 内解析.

（1）若 $z=0$ 与 $z=a_k$ 是 $f(z)$ 的零点，由于 $z=0$ 与 $z=a_k$ 是 $zg(z)$ 的一阶零点，所以 $z=0$ 与 $z=a_k$ 是 $\varphi(z)=\dfrac{f(z)}{zg(z)}$ 的可去奇点，并可以视为正则点，于是由柯西定理知

$$\frac{1}{2\pi i}\int_C \varphi(z)dz=0$$

（2）若 $z=0$ 与 $z=a_k$ 不是 $f(z)$ 的零点，则它们是 $\varphi(z)$ 的简单极点，于是

$$\mathrm{Res}[\varphi(z),0]=\lim_{z\to 0}\frac{zf(z)}{zg(z)}=\frac{f(0)}{g(0)}$$

$$\mathrm{Res}[\varphi(z),a_k]=\left.\frac{\dfrac{f(z)}{z}}{g'(z)}\right|_{z=a_k}=\frac{f(a_k)}{a_k g'(a_k)}$$

因此

$$\frac{1}{2\pi i}\int_C \frac{f(z)}{zg(z)}dz=\frac{f(0)}{g(0)}+\sum_{k=1}^{n}\frac{f(a_k)}{a_k g'(a_k)}$$

❹❿ 求 $\dfrac{1}{2\pi i}\displaystyle\int_C \dfrac{dz}{\sqrt{z^2+z+1}}$，其中 C 是圆周 $|z|=r\neq 1$.

解 令 $z^2+z+1=0$，得 $z=\dfrac{1}{2}(1\pm\sqrt{3}\,i)$，即 $|z|=\dfrac{1}{2}|1\pm\sqrt{3}\,i|=1$.

（1）若 $r<1$，则被积函数两支中任何一支都在 $|z|=r<1$ 内解析. 由柯西定理知

$$\frac{1}{2\pi i}\int_C \frac{dz}{\sqrt{z^2+z+1}}=0 \quad（对两支都成立）$$

（2）若 $r>1$，则函数 $\dfrac{1}{\sqrt{z^2+z+1}}$ 的两支都在 $|z|>1$ 内解析，故对其中任意一支，有

$$\frac{1}{2\pi i}\int_C \frac{dz}{\sqrt{z^2+z+1}}=-\mathrm{Res}\left(\frac{1}{\sqrt{z^2+z+1}},\infty\right)$$

但在 $|z|>1$ 内

$$\frac{1}{\sqrt{z^2+z+1}}=\pm\frac{1}{z}\cdot\frac{1}{\sqrt{1+\frac{1}{z}+\frac{1}{z^2}}}=\pm\frac{1}{z}\varphi(z)$$

其中 $\sqrt{+1}=1$，$\varphi(z)$ 单值解析，且 $\varphi(\infty)=1$.

所以 $\varphi(z)=\sum\limits_{n=0}^{\infty}c_n z^{-n}$，其中 $c_0=\varphi(\infty)=1$，$|z|>1$，于是在 $|z|>1$ 内，

$\dfrac{1}{\sqrt{z^2+z+1}}$ 有两个单值支，即

$$\frac{1}{\sqrt{z^2+z+1}}=\pm\left(\frac{1}{z}+\frac{c_1}{z^2}+\cdots+\frac{c_n}{z^{n+1}}\right)$$

因此

$$\frac{1}{2\pi i}\int_C\frac{dz}{\sqrt{z^2+z+1}}=-\operatorname{Res}\left[\frac{1}{\sqrt{z^2+z+1}},\infty\right]=\pm1$$

❹❶ 求 $\dfrac{1}{2\pi i}\int_L\dfrac{dz}{a^z\sin\pi z}(a^z=\mathrm{e}^{z\ln a})$，其中

$a>0$，L 为从下而上的直线 $z=\alpha$，$0<\alpha<1$.

解　考虑积分

$$\frac{1}{2\pi i}\int_\Gamma\frac{dz}{a^z\sin\pi z}$$

当 $\beta\rightarrow\infty$ 时的极限，其中 Γ 为图 1 中的闭路.

因为被积函数在 Γ 内有两个简单极点 $z=1$ 与
$z=2$，且

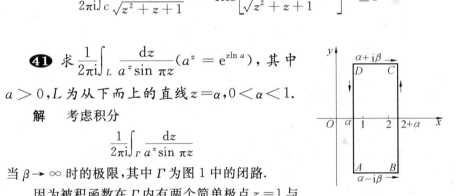

图 1

$$\operatorname{Res}\left[\frac{1}{a^z\sin\pi z},1\right]=-\frac{1}{\pi a},\operatorname{Res}\left[\frac{1}{a^z\sin\pi z},2\right]=\frac{1}{\pi a}$$

因此

$$\frac{1}{2\pi i}\int_\Gamma\frac{dz}{a^z\sin\pi z}=\frac{1-a}{a^2\pi}\tag{1}$$

而

$$\frac{1}{2\pi i}\int_\Gamma\frac{dz}{a^z\sin\pi z}=\frac{1}{2\pi i}\left[\int_{AB}\frac{dz}{a^z\sin\pi z}+\int_{BC}+\int_{CD}+\int_{DA}\right]\tag{2}$$

其中

$$\left|\frac{1}{2\pi i}\int_{AB}\frac{dz}{a^z\sin\pi z}\right|=\frac{1}{2\pi}\left|\int_\alpha^{\alpha+2}\frac{dx}{a^{(x-i\beta)}\sin\pi(x-i\beta)}\right|\leqslant$$

$$\frac{1}{2\pi}\int_{\alpha}^{\alpha+2}\frac{\mathrm{d}x}{\mid a^{\alpha}\operatorname{sh}\pi\beta\mid}=\frac{1}{\pi a^{\alpha}\mid\operatorname{sh}\pi\beta\mid}\rightarrow 0\quad(\beta\rightarrow\infty)$$

同理可知

$$\frac{1}{2\pi\mathrm{i}}\int_{\overline{CD}}\frac{\mathrm{d}z}{a^{z}\sin\pi z}\rightarrow 0\quad(\beta\rightarrow\infty)$$

而

$$\frac{1}{2\pi\mathrm{i}}\int_{\overline{DA}}\frac{\mathrm{d}z}{a^{z}\sin\pi z}=\frac{1}{2\pi\mathrm{i}}\int_{\beta}^{-\beta}\frac{\mathrm{i}\mathrm{d}y}{a^{(\alpha+\mathrm{i}y)}\sin\pi(\alpha+\mathrm{i}y)}$$

$$\frac{1}{2\pi\mathrm{i}}\int_{\overline{BC}}\frac{\mathrm{d}z}{a^{z}\sin\pi z}=\frac{1}{2\pi a^{2}\mathrm{i}}\int_{-\beta}^{\beta}\frac{\mathrm{d}y}{a^{(\alpha+\mathrm{i}y)}\sin\pi(\alpha+\mathrm{i}y)}$$

所以

$$\frac{1}{2\pi\mathrm{i}}\left[\int_{\overline{DA}}\frac{\mathrm{d}z}{a^{z}\sin\pi z}+\int_{\overline{BC}}\right]=\frac{1}{2\pi\mathrm{i}}\left[\int_{\overline{DA}}-\frac{1}{a^{2}}\int_{\overline{DA}}\right]=$$

$$\frac{1}{2\pi\mathrm{i}}\left(1-\frac{1}{a^{2}}\right)\int_{\overline{DA}}\frac{\mathrm{d}z}{a^{z}\sin\pi z}$$

令 $\beta\rightarrow\infty$,则 $\overline{DA}\rightarrow L^{-}$. 由式(1)与式(2)得到

$$-\frac{1}{2\pi\mathrm{i}}\left(1-\frac{1}{a^{2}}\right)\int_{L}\frac{\mathrm{d}z}{a^{z}\sin\pi z}=\frac{1-a}{a^{2}\pi}$$

即

$$\frac{1}{2\pi\mathrm{i}}\int_{L}\frac{\mathrm{d}z}{a^{z}\sin\pi z}=\frac{1}{\pi(1+a)}$$

❷ 若 $f(z)$ 在 $0<\mid z-a\mid\leqslant r_{0}$ 上解析,点 a 是 $f(z)$ 的一阶极点,Γ_{r} 为在圆周 $\mid z-a\mid=r\leqslant r_{0}$ 上所取的一段弧,点 a 对 Γ_{r} 所张的角为 $\alpha_{r}(0\leqslant\alpha_{r}\leqslant 2\pi)$. 如果 $\lim\limits_{r\rightarrow 0}\alpha_{r}=\alpha$,则

$$\lim_{r\rightarrow 0}\int_{\Gamma_{r}}f(z)\mathrm{d}z=-\alpha\mathrm{i}\operatorname{Res}[f(z),a]$$

其中积分路线 Γ_{r} 对于点 a 取负方向(即顺时针方向).

证 设 $\operatorname{Res}[f(z),a]=c_{-1}$,于是 $f(z)=\dfrac{c_{-1}}{z-a}+g(z)$,$g(z)$ 在点 a 解析.

故当 $\mid z-a\mid\leqslant r\leqslant r_{0}$ 时

$$\mid g(z)\mid\leqslant M$$

因此

$$\left|\int_{\Gamma_{r}}g(z)\mathrm{d}z\right|\leqslant M2\pi r\quad(r\leqslant r_{0})$$

所以

$$\lim_{r \to 0} \int_{\Gamma_r} g(z) \mathrm{d}z = 0$$

设 Γ_r 上的始点与终点分别为 $a + re^{i\varphi_1}$ 与 $a + re^{i\varphi_2}$，由于

$$\int_{\Gamma_r} \frac{c_{-1}}{z - a} \mathrm{d}z = \int_{\varphi_1}^{\varphi_2} c_{-1} \mathrm{i} \mathrm{d}\varphi = c_{-1} \mathrm{i}(\varphi_2 - \varphi_1) = -c_{-1} \mathrm{i}\alpha_r$$

而 $\lim\limits_{r \to 0} \alpha_r = \alpha$，所以

$$\lim_{r \to 0} \int_{\Gamma_r} f(z) \mathrm{d}z = -c_{-1} \mathrm{i}\alpha = -\alpha \mathrm{i} \mathrm{Res}[f(z), a]$$

❹❸ 设 $f(z)$ 于有限区域 G 内正则，且 $|f(z)| \leqslant M$，再设 a, b 为任意两数，令 $\dfrac{f(z)}{(z - a)(z - b)} = g(z)$. 证明：$g(z)$ 于 $z = \infty$ 处的留数为零，且当以原点为心，充分大的 R 为半径的圆周 C 为积分路线时，有

$$\int_C \frac{f(z)}{(z - a)(z - b)} \mathrm{d}z = 0$$

从而推出 $f(a) = f(b)$，再依此证明刘维尔（Liouville）定理.

证　因 $g(z)$ 于 $z = \infty$ 处的留数为

$$\mathrm{Res}(g, \infty) = -\lim_{z \to \infty} z g(z)$$

又由 $|f(z)| \leqslant M$，所以

$$|z g(z)| \leqslant M \left| \frac{z}{(z - a)(z - b)} \right|$$

a, b 与 z 无关，故当 $z \to \infty$ 时，右边趋于 0，因而

$$\lim_{z \to \infty} |z g(z)| = 0$$

从而

$$\mathrm{Res}(g, \infty) = 0$$

于是当 R 充分大时

$$\int_C \frac{f(z) \mathrm{d}z}{(z - a)(z - b)} = 0 \tag{1}$$

另一方面，$g(z)$ 的一阶极点为 a, b，故

$$\mathrm{Res}(g, a) = \lim_{z \to a}(z - a) g(z) = \frac{f(a)}{a - b}$$

$$\mathrm{Res}(g, b) = \lim_{z \to b}(z - b) g(z) = \frac{f(b)}{b - a}$$

所以

$$\int_C \frac{f(z)}{(z-a)(z-b)} \mathrm{d}z = 2\pi \mathrm{i} \frac{f(a) - f(b)}{a - b} \tag{2}$$

于是由式(1)与式(2)得 $f(a) = f(b)$. 但 a,b 为任意复数,从而 $f(z)$ 必为常数.

㊹ 设 $w = \dfrac{f(z)}{z^n g(z)}$,其中 $n \geqslant 1$,而 $g(z)$ 无重零点,w 是仅由 $g(z)$($z=0$ 非 $g(z)$ 的零点)的简单零点 $a_1, a_2, \cdots, a_l$ 所引起的简单极点,则 w 在所有这些简单极点(不包含 n 阶极点 $z=0$)的留数和为

$$\sum \operatorname{Res} = \sum_{m=1}^{l} \frac{f(z)}{z^n g'(z)} \bigg|_{z=a_m} = \sum_{m=1}^{l} \frac{f(a_m)}{a_m^n g'(a_m)} \tag{1}$$

一般地,若 $w = \dfrac{f(z)}{h(z) g(z)}$,而由 $g(z)$ 与 $h(z)$ 所引起的简单极点各为 a_m 与 b_r(各不相同),则所有这些极点处的留数和为

$$\sum \operatorname{Res} = \sum_{m=1}^{l} \frac{f(a_m)}{h(a_m) g'(a_m)} + \sum_{r=1}^{l} \frac{f(b_r)}{h'(b_r) g(b_r)} \tag{2}$$

证 设 $w = \dfrac{f(z)}{z^n g(z)}$,由于 $a_m \neq 0$,故 w 在 a_m 处的留数为

$$\operatorname{Res}(w, a_m) = \left[(z - a_m) \frac{f(z)}{z^n} \cdot \frac{1}{g(z)} \right] \bigg|_{z=a_m} \tag{3}$$

由于 $z = a_m$ 为 $g(z)$ 的一个零点,$g(a_m) = 0$,故上式为不定型 $\dfrac{0}{0}$,但因 $g'(a_m) \neq 0$,而

$$g'(a_m) = \lim_{z \to a_m} \frac{g(z) - g(a_m)}{z - a_m} = \lim_{z \to a_m} \frac{g(z)}{z - a_m}$$

所以,式(3)可变为

$$\operatorname{Res}(w, a_m) = \lim_{z \to a_m} \frac{f(z)}{z^n} \cdot \frac{1}{\dfrac{g(z)}{z - a_m}} = \frac{f(a_m)}{a_m^n} \cdot \frac{1}{g'(a_m)}$$

于是有式(1)成立,式(2)仿此证明.

㊺ 求 $f(z) = \dfrac{\mathrm{e}^z}{\sin mz}$ 在负实轴上的前 $s+1$ 个极点的留数之和.

解 所有极点 $z = -\dfrac{n\pi}{m}$ 全为简单极点(n 为正整数),因 $\dfrac{\mathrm{d}}{\mathrm{d}z} \sin mz =$

$m\cos mz$，而当 $z=-\dfrac{n\pi}{m}$ 时，$\cos mz=(-1)^n$.

所以

$$\sum \operatorname{Res}=\sum_{n=0}^{s}\frac{\mathrm{e}^z}{m\cos mz}\bigg|_{z=-\frac{n}{m}\pi}=$$

$$\frac{1}{m}\sum_{n=0}^{s}(-1)^n\mathrm{e}^{-\frac{n}{m}\pi}=$$

$$\frac{\left[1-\mathrm{e}^{-\frac{\pi}{m}}+\mathrm{e}^{-\frac{2\pi}{m}}+\cdots+(-1)^s\mathrm{e}^{-\frac{s\pi}{m}}\right]}{m}=$$

$$\frac{1+(-1)^s\mathrm{e}^{-\frac{(s+1)\pi}{m}}}{m(1+\mathrm{e}^{-\frac{\pi}{m}})}$$

❹❻ 求 $f(z)=\dfrac{\mathrm{e}^z}{z\cos hmz}$ 在原点及原点两边的开头 s 个极点的留数之和.

解　$\cos hmz$ 的零点所引起的极点位于 $z=-\dfrac{\mathrm{i}\left(n+\frac{1}{2}\right)\pi}{m}$（$n$ 为整数）上，且极点均为一阶.

因此

$$\sum \operatorname{Res}=1+\sum_{n=-s}^{s-1}\frac{\mathrm{e}^z}{mz\sin hmz}\bigg|_{z=-(n+\frac{1}{2})\frac{\pi i}{m}}=$$

$$1+\frac{2}{\pi}\sum_{n=-s}^{s-1}\left[\frac{\mathrm{e}^{-\left(n+\frac{1}{2}\right)\frac{\pi i}{m}}}{(2n+1)\sin\left(n+\frac{1}{2}\right)\pi}\right]=$$

$$1+\frac{2}{\pi}\sum_{n=-s}^{s-1}(-1)^n\left[\frac{\mathrm{e}^{-\left(n+\frac{1}{2}\right)\frac{\pi i}{m}}}{2n+1}\right]=$$

$$1+\frac{2}{\pi}\left[\cos\alpha-\frac{1}{3}\cos 3\alpha+\cdots+\frac{(-1)^{s-1}}{2s-1}\cos(2s-1)\alpha\right]$$

其中 $\alpha=\dfrac{\pi}{2m}$.

❹❼ 证明：

$(1)\ \displaystyle\sum_{n=1}^{\infty}\frac{1}{\sin h^2 n\pi}=\frac{1}{6}-\frac{1}{2\pi}$;

$$(2) \sum_{n=1}^{\infty} \frac{1}{\cos h^2 (2n-1) \dfrac{\pi}{2}} = \frac{1}{2\pi}.$$

证 对 $\displaystyle\int_c \frac{\cot z \, dz}{\sin h^2 z}$ 关于(1)与对 $\displaystyle\int_\Gamma \frac{\tan z \, dz}{\cos h^2 z}$ 关于(2)应用留数定理,这里 C

与 Γ 是复平面上分别具有顶点 $\pm \left(m+\dfrac{1}{2}\right)(1 \pm \mathrm{i})\pi$ 与 $\pm m(1 \pm \mathrm{i})\pi$ 的矩形

$(m=1,2,\cdots)$,当 $m \to \infty$ 时取极限. 我们仅提供解题的步骤.

回想 $\tan z$ 与 $\cot z$ 有简单极点,直接可得

$$\mathrm{Res}\left(\frac{\cot z}{\sin h^2 z}, n\pi\right) = \frac{1}{\sin h^2 n\pi} \quad (n \neq 0)$$

$$\mathrm{Res}\left(\frac{\tan z}{\cos h^2 z}, \frac{2n-1}{2}\pi\right) = -\frac{1}{\cos h^2 \dfrac{2n-1}{2}\pi}$$

其余的奇异点的留数很容易从洛朗级数导出

$$\frac{\cot z}{\sin h^2 z} = \frac{1}{z^3} - \frac{2}{3z} + \cdots = \frac{\cot \mathrm{i}n\pi}{(z-\mathrm{i}n\pi)^2} - \frac{\csc^2 \mathrm{i}n\pi}{z-\mathrm{i}n\pi} + \cdots \quad (n \neq 0)$$

$$\frac{\tan z}{\cos h^2 z} = -\frac{\tan a}{(z-a)^2} - \frac{\sec^2 a}{z-a} + \cdots \quad \left(a = \frac{2n-1}{2}\pi\mathrm{i}\right)$$

因 $\csc \mathrm{i}t = -\mathrm{i}\csc ht$,$\sec \mathrm{i}t = \dfrac{1}{\cos ht}$,我们有

$$\int_C = 2\pi\mathrm{i}\left(-\frac{2}{3} + 4\sum_{n=1}^{m} \frac{1}{\sin h^2 n\pi}\right)$$

$$\int_\Gamma = 2\pi\mathrm{i}\left[4\sum_{n=1}^{m} \frac{1}{\cos h^2 (2n-1)\dfrac{\pi}{2}} - \frac{1}{\cos h^2 (2m-1)\dfrac{\pi}{2}}\right]$$

容易看出每个沿给定矩形的垂直边的积分是 $o(me^{-2m})$,沿水平边的积分变为

$$2\mathrm{i}\int_{-(m+\frac{1}{2})\pi}^{(m+\frac{1}{2})\pi} \frac{\mathrm{Im}\left\{\cot\left[x + \left(m+\dfrac{1}{2}\right)\pi\mathrm{i}\right]\right\}}{\cos h^2 x} dx$$

$$-2\mathrm{i}\int_{-m\pi}^{m\pi} \frac{\mathrm{Im}\,\tan(x+n\pi\mathrm{i})}{\cos h^2 x} dx$$

因此,当 $m \to \infty$ 时分别趋于 $2\mathrm{i}I$ 与 $-2\mathrm{i}I$,这里

$$I \equiv \int_{-\infty}^{+\infty} \sec h^2 x \, dx = 2$$

对 $\displaystyle\int_C$ 与 $\displaystyle\int_\Gamma$ 的表达式通过极限可以得出论断.

❹❽ 计算定积分

$$J(a,n,k)=\int_{-\pi}^{\pi}\frac{\cos(n-k)x\mathrm{d}x}{(1-2a\cos x+a^2)^n}$$

这里 n 和 k 是正整数，a 是一个使积分有意义的实常数．

解　令 $p=|n-k|$，且 $z=\mathrm{e}^{i\theta}$，有

$$J(a,n,k)=-\frac{i}{2}\oint_C\frac{z^{n+p-1}+z^{n-p-1}}{(z-a)^n(1-az)^n}\mathrm{d}z=$$

$$-i\oint_C\frac{z^{n+p-1}}{(z-a)^n(1-az)^n}=2\pi S$$

此处 C 为单位圆 $|z|=1$，S 是被积函数在 C 内部的极点处留数的和．

取 $|a|<1$，且设 $w=z-a$，我们对

$$\frac{(a+w)^{n+p-1}}{w^n(1-a^2-aw)^n}$$

计算 $S_{w=0}$．

$S_{w=0}$ 也是

$$(a+w)^{n+p-1}\left(1-\frac{aw}{1-a^2}\right)^{-n}(1-a^2)^{-n}$$

的泰勒展开式中 w^{n-1} 的系数．

展开头两个因子，并合并同类项，我们求得

$$J(a,n,k)=\frac{2\pi a^{|n-k|}}{(1-a^2)^n}\sum_{j=0}^{n-1}\binom{n-1+|n-k|}{n-1-j}\cdot\binom{n-1+j}{j}\frac{a^{2j}}{(1-a^2)^j}$$

因有恒等式 $J\left(\dfrac{1}{a},n,k\right)=a^{2n}J(a,n,k)$，对 $|a|>1$ 的情形易于得出．

❹❾ 若 $\varphi(z)$ 在点 a 解析，且 $\varphi(a)\neq0$，而点 a 是 $f(z)$ 的简单极点，且在此点的留数为 A，证明：$\mathrm{Res}[\varphi(z)f(z),a]=\varphi(a)A$．

证　由题设知，$\varphi(z)=\displaystyle\sum_{n=0}^{\infty}\frac{\varphi^{(n)}(a)(z-a)^n}{n!}$，$\varphi(a)\neq0$，$f(z)=\dfrac{A}{z-a}+$

$\displaystyle\sum_{n=0}^{\infty}a_n(z-a)^n$．又由两级数在点 a 的某邻域内绝对收敛，于是

$$\varphi(z)f(z)=\frac{\varphi(a)A}{z-a}+A\sum_{n=1}^{\infty}\frac{\varphi^{(n)}(a)}{n!}(z-a)^{n-1}+\varphi(a)\sum_{n=0}^{\infty}a_n(z-a)^n+$$

$$\sum_{n=1}^{\infty}\frac{\varphi^{(n)}(a)}{n!}(z-a)^n\cdot\sum_{n=0}^{\infty}a_n(z-a)^n$$

由此可见，$\dfrac{1}{z-a}$ 的系数为 $\varphi(a)A$，即

$$\text{Res}[\varphi(z)f(z),a]=\varphi(a)A$$

注 若 $f(z)$ 在 $z=a$ 有主部为 $\dfrac{c_{-1}}{z-a}+\cdots+\dfrac{c_{-k}}{(z-a)^k}$ 的 k 阶极点，则

$$\text{Res}[\varphi(z)f(z),a]=\sum_{n=1}^{k}\frac{c_{-n}}{(n-1)!}\varphi^{(n-1)}(a).$$

❺⓪ 设 $f(z)$ 在点 $z=a$ 的邻域内解析，且 $z=a$ 为 $f(z)$ 的 n 阶零点，则 $z=a$ 为 $\dfrac{f'(z)}{f(z)}$ 的一阶极点且

$$\text{Res}\left[\frac{f'(z)}{f(z)},a\right]=n$$

证 由假设，可记 $f(z)=(z-a)^n g(z)$，$g(z)$ 在点 $z=a$ 解析且 $g(a)\neq 0$. 又由于

$$f'(z)=n(z-a)^{n-1}g(z)+(z-a)^n g'(z)$$

因此

$$\frac{f'(z)}{f(z)}=\frac{n}{z-a}+\frac{g'(z)}{g(z)} \tag{1}$$

因 $g(z)$ 在点 $z=a$ 解析，且 $g(a)\neq 0$，故 $\dfrac{g'(z)}{g(z)}$ 亦于点 a 解析.

由等式 (1) 可见，$z=a$ 为 $\dfrac{f'(z)}{f(z)}$ 的一阶极点，且

$$\text{Res}\left[\frac{f'(z)}{f(z)},a\right]=n$$

证毕.

❺① 若点 $z=a$ 是 $f(z)$ 的 n 阶极点，则

$$\text{Res}\left[\frac{f'(z)}{f(z)},a\right]=-n$$

证 因点 a 是 $f(z)$ 的 n 阶极点，所以

$$f(z)=\frac{c_{-n}}{(z-a)^n}+\frac{c_{-(n-1)}}{(z-a)^{n-1}}+\cdots+\frac{c_{-1}}{z-a}+$$

$$\sum_{n=0}^{\infty}c_n(z-a)^n \quad (c_{-n}\neq 0)$$

且在点 a 的邻域内可逐项微分，于是

$$f'(z)=\frac{-nc_{-n}}{(z-a)^{n+1}}+\frac{-(n-1)c_{-(n-1)}}{(z-a)^n}+\cdots+$$

$$\frac{-c_{-1}}{(z-a)^2}+\sum_{n=1}^{\infty}nc_n(z-a)^{n-1}$$

故

$$\frac{f'(z)}{f(z)}=\frac{-n}{z-a}\cdot\frac{c_{-n}+\dfrac{n-1}{n}c_{-(n-1)}(z-a)+\cdots}{c_{-n}+c_{-(n-1)}(z-a)+\cdots}=-\frac{n\varphi(z)}{z-a}$$

其中 $\varphi(z)$ 在点 $z=a$ 解析,且 $\varphi(a)=1\neq0$,显然

$$\text{Res}\left[\frac{f'(z)}{f(z)},a\right]=\text{Res}\left[-\frac{n\varphi(z)}{z-a},a\right]=-n\varphi(a)=-n$$

❺❷ 试求 $\text{Res}\left[\dfrac{\varphi(z)f'(z)}{f(z)},a\right]$,其中 $\varphi(z)$ 与 $f(z)$ 在点 a 解析,且

满足:(1) 点 a 是 $f(z)$ 的 n 重零点;(2) 点 a 是 $f(z)$ 的 n 阶极点.

解　(1)因点 a 是 $f(z)$ 的 n 重零点,类似上例可证 $z=a$ 是 $\dfrac{f'(z)}{f(z)}$ 的简单

极点,且

$$\text{Res}\left[\frac{f'(z)}{f(z)},a\right]=n$$

又因 $\varphi(z)$ 在点 $z=a$ 解析,因此

$$\text{Res}\left[\frac{\varphi(z)f'(z)}{f(z)},a\right]=\varphi(a)n$$

(2)因点 a 是 $f(z)$ 的 n 阶极点,由上题知,点 a 是 $\dfrac{f'(z)}{f(z)}$ 的简单极点,且

$\text{Res}\left[\dfrac{f'(z)}{f(z)},a\right]=-n.$ 而 $\varphi(z)$ 在点 a 解析,故

$$\text{Res}\left[\frac{\varphi(z)f'(z)}{f(z)},a\right]=-\varphi(a)n$$

❺❸ 若 $f(z)$ 在周线 C 上解析且无零点,又 $f(z)$ 在 C 的内部除可

能有有限个极点外解析,则

$$\frac{1}{2\pi\text{i}}\int_C\frac{f'(z)}{f(z)}\text{d}z=N(f,C)-P(f,C)\qquad(1)$$

其中 $N(f,C)$ 和 $P(f,C)$ 分别表示 $f(z)$ 在 C 的内部零点的个数与

极点的个数(记重数,下同).

证　设 $a_1,a_2,\cdots,a_p$ 为 $f(z)$ 在 C 内部的不同的零点,$n_1,n_2,\cdots,n_p$ 是这

些不同零点的相应的阶.又 $b_1,b_2,\cdots,b_q$ 为 $f(z)$ 在 C 内部的不同的极点,m_1,

$m_2, \cdots, m_q$ 是这些不同极点的相应的阶.

由于 $a_1, a_2, \cdots, a_p, b_1, b_2, \cdots, b_q$ 都是 $f(z)$ 的一阶极点,此外, $f(z)$ 在 C 上及其内部再无别的奇点,且在以上各一阶极点处, $\dfrac{f'(z)}{f(z)}$ 的留数分别是 n_1, $n_2, \cdots, n_p, -m_1, -m_2, \cdots, -m_q$. 于是由留数基本定理有

$$\frac{1}{2\pi i} \int_C \frac{f'(z)}{f(z)} \mathrm{d}z = \sum_{k=1}^p n_k - \sum_{k=1}^q m_k = N(f, C) - P(f, C)$$

㊾ 若 $\zeta = \varphi(z)$ 在点 $z = a$ 解析,且 $\varphi'(a) \neq 0$,而 $f(\zeta)$ 在点 $\zeta_0 = \varphi(a)$ 有简单极点,并且在这点的留数为 A,证明: $\mathrm{Res}[f(\varphi(z)), a] = \dfrac{A}{\varphi'(a)}$.

证 因 $f(\zeta)$ 在点 $\zeta_0 = \varphi(a)$ 有简单极点,且留数为 A,所以 $f(\zeta) = \dfrac{A\psi(\zeta)}{\zeta - \zeta_0}$,其中 $\psi(\zeta)$ 在点 ζ_0 解析,且 $\psi(\zeta_0) = 1 \neq 0$(这是因为若 $\psi(\zeta_0) \neq 1$,则将 $\psi(\zeta)$ 展开就得到 $f(\zeta)$ 在点 ζ_0 的留数不是 A).

又

$$\zeta - \zeta_0 = \varphi(z) - \varphi(a) = \sum_{n=1}^\infty \frac{\varphi^{(n)}(a)}{n!}(z-a)^n$$

代入 $f(\zeta)$ 得

$$f(\varphi(z)) = \frac{A}{\varphi'(a)} \cdot \frac{P(z)}{z-a}$$

其中

$$P(z) = \frac{\psi(\varphi(z))}{1 + \dfrac{\varphi''(a)}{2!\,\varphi'(a)}(z-a) + \dfrac{\varphi'''(a)}{3!\,\varphi'(a)}(z-a)^2 + \cdots}$$

在点 a 解析,且 $P(a) = \psi(\varphi(a)) = \psi(\zeta_0) = 1 \neq 0$.

令 $g(z) = \dfrac{A}{\varphi'(a)(z-a)}$,显然 $g(z)$ 在 $z = a$ 有留数为 $\dfrac{A}{\varphi'(a)}$ 的简单极点,由 49 题知

$$\mathrm{Res}[f(\varphi(z)), a] = \mathrm{Res}\left[\frac{AP(z)}{\varphi'(a)(z-a)}, a\right] =$$

$$P(a) \frac{A}{\varphi'(a)} = \frac{A}{\varphi'(a)}$$

㊻ 若函数 $\varphi(z)$ 在 $z = a$ 有留数为 A 的一阶极点,而 $f(\zeta)$ 在无

穷远点有主部为 $B\zeta$ 的一阶极点,试证明

$$\text{Res}[f(\varphi(z)),a]=AB$$

证　由题设

$$f(\zeta)=B\zeta+\sum_{n=1}^{\infty}c_{-n}\zeta^{-n}\quad(R<|\zeta|<\infty)$$

$$\varphi(z)=\frac{\varphi_1(z)}{z-a}$$

其中 $\varphi_1(z)$ 在 a 解析,$\varphi_1(a)=A$,于是

$$f(\varphi(z))=\frac{B\varphi_1(z)}{z-a}+\sum_{n=1}^{\infty}c_{-n}\left[\frac{z-a}{\varphi_1(z)}\right]^n=\frac{B\varphi_1(z)}{z-a}+\psi(z)$$

其中 $\psi(z)=\sum_{n=1}^{\infty}c_{-n}\left[\dfrac{z-a}{\varphi_1(z)}\right]^n$ 不含有 $\dfrac{c}{z-a}$ 的项,由 49 题知

$$\text{Res}[f(\varphi(z)),a]=\text{Res}\left[\frac{B\varphi_1(z)}{z-a},a\right]=\varphi_1(a)B=AB$$

❺❻ 设 $f(z)$ 和 $\varphi(z)$ 于周线 C 上及其内都解析,且在 C 上 $f(z)$ 的模大于 $\varphi(z)$ 的模,则 $f(z)$ 在 C 内零点的个数不因加上 $\varphi(z)$ 而发生变化,即

$$N(f,C)=N(f+\varphi,C)$$

证　如果在 C 上 $f(z)$ 和 $f(z)+\varphi(z)$ 都无零点,那么,根据辐角原理,只要证明

$$\Delta_C\arg f(z)=\Delta_C\arg[f(z)+\varphi(z)]\tag{1}$$

(注意 f 和 $f+\varphi$ 在 C 内都无极点).

我们先证明在 C 上 $f(z)\neq 0,f(z)+\varphi(z)\neq 0$,然后再证明等式(1).

由假设知,在 C 上有

$$|f(z)|>|\varphi(z)|$$

从而在 C 上 $|f(z)|>0$,即在 C 上 $f(z)\neq 0$. 又因 $|f(z)|>|\varphi(z)|$,故有

$$|f(z)+\varphi(z)|\geqslant|f(z)|-|\varphi(z)|>0$$

于是在 C 上亦有 $f(z)+\varphi(z)\neq 0$,下证等式(1).

因为

$$f(z)+\varphi(z)=f(z)\left[1+\frac{\varphi(z)}{f(z)}\right]$$

所以

$$\Delta_C\arg[f(z)+\varphi(z)]=\Delta_C\arg f(z)+\Delta_C\arg\left[1+\frac{\varphi(z)}{f(z)}\right]\tag{2}$$

又由于在 C 上有 $\left|\dfrac{\varphi(z)}{f(z)}\right|<1$，故当 z 沿 C 变动时，点 $\omega=1+\dfrac{\varphi(z)}{f(z)}$ 总在圆

$|\omega-1|<1$ 内变动，因此点 $\omega=1+\dfrac{\varphi(z)}{f(z)}$ 不会绕原点转圈，故可断言当 z 沿 C

转一周时，$\arg\left[1+\dfrac{\varphi(z)}{f(z)}\right]$ 的值必回到原来的值，即

$$\Delta_C \arg\left[1+\frac{\varphi(z)}{f(z)}\right]=0 \tag{3}$$

由式(2)与式(3)即得式(1).证毕.

儒歇定理对于我们判定零点的位置是有益的.

❺❼ 证明 $4z^5-2z+1$ 的五个零点都在单位圆 $|z|<1$ 内.

　证　令 $f(z)=4z^5$，则 $f(z)$ 在单位圆内有五个零点(因 $z=0$ 为 $f(z)$ 的五阶零点).

　　又令 $\varphi(z)=-2z+1$，则在单位圆周 $|z|=1$ 上有以下不等式

$$|f(z)|=|4z^5|=4>3=|-2z|+1\geqslant|-2z+1|=|\varphi(z)|$$

于是由儒歇定理知，$f(z)+\varphi(z)$ 与 $f(z)$ 在 $|z|<1$ 内的零点个数相等，因而 $f(z)+\varphi(z)=4z^5-2z+1$ 在 $|z|<1$ 内也有五个零点.证毕.

❺❽ 证明 $z^7-5z^4+z^2-2$ 在单位圆内有四个零点.

　证　令 $f(z)=-5z^4$，$\varphi(z)=z^7+z^2-2$，则在 $|z|=1$ 上有以下不等式

$$|\varphi(z)|=|z^7+z^2-2|\leqslant|z^7|+|z^2|+2=4<$$
$$|-5z^4|=|f(z)|=5$$

由儒歇定理知，$f(z)+\varphi(z)=z^7-5z^4+z^2-2$ 与 $f(z)=-5z^4$ 在单位圆内零点个数相等.故由 $f(z)$ 在单位圆内有四个零点即可断定 $f(z)+\varphi(z)$ 在单位圆内有四个零点.证毕.

❺❾ 确定下列方程在圆 $|z|<1$ 内根的个数：

(1) $z^8-4z^5+z^2-1=0$；

(2) $\mathrm{e}^{z-\lambda}=z,\lambda>1$；

(3) $z^8-5z^5-2z+1=0$；

(4) $\mathrm{e}^z=az^n,a>\mathrm{e}$.

　解　(1) 取 $f(z)=z^8-4z^5$，$g(z)=z^2-1$，则在 $|z|=1$ 上有

$$|f(z)|=|z^3-4|\geqslant 4-|z|^3=3$$

$$| g(z) |=| z^2 - 1 |\leqslant| z |^2 + 1 = 2$$

所以由儒歇定理知,所给方程根的个数等于方程 $z^8 - 4z^5 = z^5(z^3 - 4) = 0$ 在 $| z |< 1$ 内根的个数,即 5 个,因为当 $| z |< 1$ 时,$z^3 - 4 \neq 0$.

(2) 取 $f(z) = z, g(z) = e^{z-\lambda}$.

在圆周 $| z |=1$ 上,$| f(z) |=1$,$| g(z) |=e^{z-\lambda} < e^{1-\lambda} < 1$. 因 $\lambda > 1$,故所求的 $z - e^{z-\lambda}$ 的零点的个数等于 $f(z) = 0$ 的零点的个数,即 1 个. 再由当 $x = 0$ 时,连续函数 $\phi(x) = e^{x-\lambda} - x$ 为正,当 $x = 1$ 时 $\phi(x)$ 为负,因而 $\phi(x)$ 在 $(0,1)$ 内变为 0,于是唯一的那个根是正的.

(3) 取 $f(z) = -5z^5 + 1$ 与 $g(z) = z^8 - 2z$. 由于当 $| z |=1$ 时,$| f(z) |\geqslant | 5z^5 |-1 = 4$,$| g(z) |\leqslant| z |^8 + 2 | z |=3$,故方程根的个数与 $5z^5 = 1$ 的根的个数相同,即 5 个.

(4) 取 $f(z) = e^z - az^n, g(z) = -az^n$,则在 $| z |=1$ 上

$$| g(z) |=| az^n |=a > e$$

$$| f(z) - g(z) |=| e^z |=e^x \leqslant e \quad (| x |\leqslant 1)$$

所以所给方程根的个数与 $g(z)$ 的根的个数相同,即 n 个.

❻⓿ 证明方程 $z + e^{-z} = \lambda, \lambda > 1$ 在右半平面有唯一实根.

证 考虑由线段 $[-iR, iR]$ 与右半圆周 $| z |=R$ 组成的周线,且设 $f(z) = \lambda - z, g(z) = -e^{-z}$,则在线段 $[-iR, iR]$ 上,$z = iy$,因此

$$| f(z) |=| \lambda - iy |\geqslant \lambda > 1, \quad | g(z) |=| e^{-iy} |=1$$

在半圆周 $| z |=R, \operatorname{Re} z = x > 0$ 上,当 R 充分大时 $(R > \lambda + 1)$,有

$$| f(z) |\geqslant | z |-\lambda > 1$$

$$| g(z) |=e^{-z} \leqslant 1$$

因此由儒歇定理,所给方程与 $\lambda - z = 0$ 有相同个数的根,即恰有一根. 这个根是实的,因当 $z = 0$ 时,方程左边等于 1(小于 λ),而当 $z = x < \infty$ 时,左边无限制增大,因而有这样的 $z = x$ 使得左边等于 λ.

❻❶ 证明方程

$$a_0 + a_1\cos\theta + a_2\cos 2\theta + \cdots + a_n\cos n\theta = 0$$

当 $0 < a_0 < a_1 < \cdots < a_n$ 时,在区间 $0 < \theta < 2\pi$ 中有 $2n$ 个互异的根,此外,给定的方程并无虚根.

证 首先证明多项式

$$p(z) = a_0 + a_1z + \cdots + a_nz^n$$

的一切零点都在单位圆内. 显然, 这个多项式没有正的实根. 若 z 不是正数, 则

$$|p(z)(z-1)| = |a_n z^{n+1} - [a_0 + (a_1 - a_0)z + \cdots + (a_n - a_{n-1})z^n]| \geqslant$$
$$|a_n z^{n+1}| - |a_0 + (a_1 - a_0)z + \cdots + (a_n - a_{n-1})z^n| >$$
$$a_n |z|^{n+1} - [a_0 + (a_1 - a_0)|z| + \cdots + (a_n - a_{n-1})|z|^n]$$

事实上, 因为数 $a_0, a_1 - a_0, \cdots, a_n - a_{n-1}$ 都是正的, 而数 z 不是正的, 故诸矢量 $a_0, (a_1 - a_0)z, \cdots, (a_n - a_{n-1})z^n$ 不能都是同一方向的, 因此

$$|a_0 + (a_1 - a_0)z + \cdots + (a_n - a_{n-1})z^n| <$$
$$a_0 + (a_1 - a_0)|z| + \cdots + (a_n - a_{n-1})|z|^n$$

此外, 如果 $|z| \geqslant 1$, 则

$$a_0 + (a_1 - a_0)|z| + \cdots + (a_n - a_{n-1})|z|^n \leqslant$$
$$a_0 |z|^{n+1} + (a_1 - a_0)|z|^{n+1} + \cdots + (a_n - a_{n-1})|z|^{n+1} =$$
$$[a_0 + (a_1 - a_0) + \cdots + (a_n - a_{n-1})]|z|^{n+1} =$$
$$a_n |z|^{n+1}$$

所以当 $|z| \geqslant 1$ 且 z 不是正数时

$$|p(z)(z-1)| > a_n |z|^{n+1} - a_n |z|^{n+1} = 0$$

即 $p(z)(z-1) \neq 0$.

于是当 z 不是正数, 且模又不小于 1 时, $p(z) \neq 0$, 这对正的 z 也是成立的. 因此, $p(z)$ 在单位圆外及其上都没有零点, 其所有 n 个零点必都严格地在单位圆周内部.

令 z 沿正向画成圆周 $|z| = 1$, 则由辐角原理, 矢量 $p(z)$ 绕原点的圈数等于多项式 $p(z)$ 的零点个数, 即等于 n 个. 因为每一次绕圈时矢量终点所画的曲线都至少与虚轴相交两次 (一次在上, 一次在下), 故至少有 $2n$ 个交点, 每一点都相当于 z 在圆周 $|z| = 1$ 上的一个确定位置, 即辐角 θ 在区间 $(0, 2\pi)$ 中的一个确定的值.

因此, 在区间 $0 < \theta < 2\pi$ 中至少有辐角 θ 的 $2n$ 个不同的值, 对于这些值, 点 $p(z) = p(e^{i\theta})$ 都在虚轴上, 对于这些 θ 值中的每一个

$$\mathrm{Re}[p(e^{i\theta})] = \mathrm{Re}[a_0 + a_1 e^{i\theta} + \cdots + a_n e^{in\theta}] =$$
$$\mathrm{Re}[a_0 + a_1(\cos\theta + i\sin\theta) + \cdots +$$
$$a_n(\cos n\theta + i\sin n\theta)] =$$
$$a_0 + a_1 \cos\theta + \cdots + a_n \cos n\theta$$

都等于零, 因此方程

$$a_0 + a_1 \cos\theta + \cdots + a_n \cos n\theta = 0$$

至少有 $2n$ 个根在区间 $(0, 2\pi)$ 内.

下面再证在这区间内, 根的总数正好是 $2n$. 设 $e^{i\theta} = t$, 则

$$\cos k\theta = \frac{e^{ik\theta} + e^{-ik\theta}}{2} = \frac{t^k + t^{-k}}{2}$$

因此

$$a_0 + a_1 \cos\theta + \cdots + a_n\cos n\theta = \frac{1}{2}t^{-n}(a_n + a_{n-1}t + \cdots + a_1 t^{n-1} +$$

$$2a_0 t^n + a_1 t^{n+1} + \cdots + a_n t^{2n})$$

若 $t_1, t_2, \cdots, t_{2n}$ 是右方多项式的零点,则左方三角多项式的所有零点满足关系式

$$e^{i\theta} = t_j \quad (j = 1, 2, \cdots, 2n)$$

由此推出,所考虑的三角多项式在 $(0, 2\pi)$ 内的互异实根的个数不超过 $2n$. 结合上面已证部分便知,这个多项式在 $(0, 2\pi)$ 内实零点个数正好是 $2n$. 我们注意,数 $t_j = e^{i\theta}$ 的模都等于 1,因此,所给的三角多项式的诸零点中,一个也不能是虚数.

❻❷ 方程 $z^4 + z^3 + 4z^2 + 2z + 3 = 0$ 的根落在哪几个象限内?

解　显然方程没有正根,又令 $z = -x$,得

$$x^4 - x^3 + 4x^2 - 2x + 3 = 0$$

当 $0 < x < 1$ 时,前三项的和恒为正,而后两项的和也如此;当 $x > 1$ 时,前两项的和恒为正,而后三项的和亦然,所以方程也没有负实数根.

于是方程没有实根.

令 $z = iy$,方程变为

$$y^4 - iy^3 - 4y^2 + 2iy + 3 = 0$$

实部与虚部不能同时为 0,所以方程也没有纯虚根.

现在研究 $\Delta\arg(z^4 + \cdots + 3)$($\Delta\arg f(z)$ 表示环绕周道一周后,$f(z)$ 的辐角的变化),周道取为第一象限中由 $|z| = R$ 所围部分的边界,R 取得很大,沿实轴上的变化等于 0,在圆弧上,$z = Re^{i\theta}$.

故

$$\Delta\arg(z^4 + \cdots) = \Delta\arg(R^4 e^{4i\theta}) + \Delta\arg[1 + O(R^{-1})] = 2\pi + O(R^{-1})$$

(符号 $f(x) = O(g(x))$ 表示"$|f(x)| < Ag(x)$ 于 x 充分接近某给定极限时成立").

在虚轴上

$$\arg(z^4 + \cdots) = \arctan\frac{-y^3 + 2y}{y^4 - 4y^2 + 3}$$

等式右侧分子在 $y = \sqrt{2}$ 时等于 0,分母在 $y = \sqrt{3}$ 及 $y = 1$ 时为 0,因此当 y 由

∞ 变至 0 时,此有理分式的变化如下

$$y = \infty \quad \sqrt{3} \quad \sqrt{2} \quad \sqrt{1} \quad 0$$

$$0, -, \infty, +, 0, -, \infty, +, 0$$

因此 $\arg(z^4 + \cdots)$ 减少 $3 : 2\pi$,所以当 R 充分大时,$\arg(z^4 + \cdots)$ 在周道上的总变化等于 0.

因此在第一象限中没有零点.

因为零点总是共轭地成对出现,所以在第四象限中也没有零点,而在第二及第三象限中,则各有两个.

⑥③ 证明四次方程 $z^4 + z^3 + 1 = 0$ 在第一象限内仅有一个根.

证 设 $z = x + iy$,$f(z) = z^4 + z^3 + 1$. 当 $z = x \geqslant 0$ 时,$f(z) > 0$;当 $z = iy$ 时,$f(z) = y^4 - iy^3 + 1 \neq 0$. 设圆周 $|z| = R$ 在第一象限的部分为 Γ,它与实、虚轴分别交于 R 与 iR,组成的闭曲线内部记为 G. 取 R 充分大,则在 $|z| \geqslant R$ 上,$f(z)$ 无零点(当 $f(z) \to \infty$,$R \to \infty$ 时). 所以第一象限内的零点全在 G 内,设其个数为 n,于是由辐角原理知

$$n = \frac{1}{2\pi} \left\{ \int_0^R d[\arg f(z)] + \int_\Gamma d[\arg f(z)] + \int_{iR}^0 d[\arg f(z)] \right\}$$

当 $z = x \geqslant 0$ 时,$f(z) > 0$,故 $\arg f(z) = 0$.

当 $z = iy(y \geqslant 0)$ 时

$$\arg f(z) = \arctan \frac{-y^3}{y^4 + 1}$$

所以

$$\frac{1}{2\pi} \int_0^R d[\arg f(z)] = 0$$

$$\left| \frac{1}{2\pi} \int_{iR}^0 d[\arg f(z)] \right| < \frac{1}{2\pi} \cdot \frac{\pi}{2} = \frac{1}{4}$$

当 $z \in \Gamma$ 时

$$f(z) = z^4 \left(1 + \frac{1}{z} + \frac{1}{z^4} \right)$$

此时

$$\arg f(z) = \arg z^4 + \arg \left(1 + \frac{1}{z} + \frac{1}{z^4} \right)$$

而

$$\frac{1}{2\pi} \int_\Gamma d(\arg z^4) = \frac{1}{2\pi} (4\varphi) \Big|_0^{\frac{\pi}{2}} = 1 \quad (z = R e^{i\varphi})$$

取 R 充分大,使 $\left|\dfrac{1}{z}+\dfrac{1}{z^4}\right|\leqslant\dfrac{1}{R}+\dfrac{1}{R^4}<\dfrac{1}{\sqrt{2}}$,则在 Γ 上,$1+\dfrac{1}{z}+\dfrac{1}{z^4}$ 都落在以 1

为中心,$\dfrac{1}{\sqrt{2}}$ 为半径的圆内,故当 $z\in\Gamma$ 时,$\left|\arg\left(1+\dfrac{1}{z}+\dfrac{1}{z^4}\right)\right|<\dfrac{\pi}{4}$.

因此

$$\left|\frac{1}{2\pi}\int_\Gamma \mathrm{d}\left[\arg\left(1+\frac{1}{z}+\frac{1}{z^4}\right)\right]\right|=$$

$$\left|\frac{1}{2\pi}\Delta_\Gamma\arg\left(1+\frac{1}{z}+\frac{1}{z^4}\right)\right|\leqslant\frac{1}{2\pi}\cdot\frac{\pi}{2}=\frac{1}{4}$$

于是 $n<1+\dfrac{1}{4}+\dfrac{1}{4}<2$,且 n 是自然数.

所以 $n=1$.

❻❹ 若方程 $a_nz^n+a_{n-1}z^{n-1}+\cdots+a_1z+a_0=0(a_n\neq0)$ 在虚轴

上没有根,且 $\lim\limits_{R\to\infty}\Delta_{L_R}\arg f(z)=-n\pi$,其中 L_R 为圆周 $|z|=R$ 在虚

轴上的直径,则方程所有的根都在半平面 $\operatorname{Re}z<0$ 内.

证　取圆周 $|z|=R$ 的右半圆周为 C_R,则 $C_R+L_R=\Gamma_R$ 组成闭路,取逆

时针方向为正方向.

设

$$f(z)=z^n+\frac{a_{n-1}}{a_n}z^{n-1}+\cdots+\frac{a_1}{a_n}z+\frac{a_0}{a_n}=0\quad(a_n\neq0)$$

而

$$f(z)=z^n\left[1+\frac{a_{n-1}}{a_nz}+\frac{a_{n-2}}{a_nz^2}+\cdots+\frac{a_0}{a_nz^n}\right]=z^n[1+\varphi(z)]$$

其中

$$\varphi(z)=\frac{a_{n-1}}{a_nz}+\cdots+\frac{a_0}{a_nz^n}$$

于是

$$\Delta_{C_R}\arg f(z)=\Delta_{C_R}\arg z^n+\Delta_{C_R}\arg[1+\varphi(z)]$$

显然 $\Delta_{C_R}\arg z^n=n\pi$,又当 $|z|=R\to\infty$ 时

$$|\varphi(z)|\leqslant\left[\left|\frac{a_{n-1}}{a_n}\right|\cdot\frac{1}{R}+\cdots+\left|\frac{a_0}{a_n}\right|\cdot\frac{1}{R^n}\right]\to0$$

所以

$$\lim_{R\to\infty}\Delta_{C_R}\arg[1+\varphi(z)]=0$$

因而

$$\lim_{R\to\infty}\Delta_{C_R}\arg f(z)=\lim_{R\to\infty}\Delta_{C_R}\arg z^n=n\pi$$

故有

$$\lim_{R\to\infty}\Delta_{\Gamma_R}\arg f(z)=\lim_{R\to\infty}[\Delta_{C_R}\arg f(z)+\Delta_{L_R}\arg f(z)]=n\pi+(-n\pi)=0$$

由辐角原理知, $f(z)$ 在右半平面 $\mathrm{Re}\,z>0$ 内无零点, 即方程所有的根都在左半平面 $\mathrm{Re}\,z<0$ 内.

㊺ 若 $f(z)$ 在 $|z|\leqslant 1$ 解析, 且在 $|z|=1$ 上 $|f(z)|<1$, 则方程 $f(z)=z^n$ 在 $|z|<1$ 内具有 n 个根.

证 因为当 $|z|=1$ 时, $|f(z)|<1$, $|z^n|=1$, 所以当 $|z|=1$ 时

$$|-f(z)|<|z^n|$$

于是由儒歇定理知: $z^n+[-f(z)]=z^n-f(z)$ 与 z^n 在 $|z|<1$ 内零点的个数相等, 即方程 $f(z)=z^n$ 在 $|z|<1$ 内有 n 个根.

㊻ 求方程 $z^7-7z^5-3z+1=0$ 在单位圆 $|z|<1$ 内根的个数.

解 令 $\varphi(z)=-7z^5+1$, $f(z)=z^7-3z$, 则在 $|z|=1$ 上, $|f(z)|\leqslant 4$, $|\varphi(z)|\geqslant|7z^5|-1=6$. 所以在 $|z|=1$ 上, $|f(z)|<|\varphi(z)|$. 由儒歇定理知, $f(z)+\varphi(z)$ 与 $\varphi(z)$ 在 $|z|<1$ 内的零点个数相等, 而 $\varphi(z)=-7z^5+1$ 在 $|z|<1$ 内有 5 个零点, 所以方程 $z^7-7z^5-3z+1=0$ 在 $|z|<1$ 内有 5 个根.

㊼ 用儒歇定理证明代数基本定理.

证 设

$$f(z)=a_nz^n+a_{n-1}z^{n-1}+\cdots+a_0=0 \quad (a_n\neq 0)$$
$$g(z)=a_{n-1}z^{n-1}+\cdots+a_1z+a_0$$

因为

$$\lim_{z\to\infty}\frac{g(z)}{a_nz^n}=0,\ \lim_{z\to\infty}f(z)=\infty$$

所以可取充分大的 R, 使得当 $|z|\geqslant R$ 时

$$\left|\frac{g(z)}{a_nz^n}\right|<1 \quad (|f(z)|>1)$$

于是在 $|z|=R$ 上有 $|g(z)|<|a_nz^n|$.

又显然 $g(z)$ 与 a_nz^n 在 $|z|\leqslant R$ 上解析, 由儒歇定理知, $f(z)$ 与 a_nz^n 在 $|z|<R$ 内的零点个数相等, 但 a_nz^n 在 $|z|<R$ 内有 n 个零点, 即 $z=0$ 是 n

重零点,故方程
$$f(z)=a_nz^n+a_{n-1}z^{n-1}+\cdots+a_0=0$$
在 $|z|<R$ 内有 n 个根. 又由于当 $|z|\geqslant R$ 时, $f(z)$ 无零点,故 $f(z)=0$ 有且只有 n 个根.

❻❽ 证明:若在域 G 上的解析函数序列 $\{f_n(z)\}$ 在 G 的内部一致收敛于 $f(z)\neq 0$,则对于任何一个逐段光滑的闭曲线 Γ(Γ 以及它的内部都在 G 内,并且 Γ 不通过 $f(z)$ 的零点),存在一个数 $N_{(\Gamma)}$,使得当 $n>N$ 时,每一个函数 $f_n(z)$ 在 Γ 内的零点个数等于 $f(z)$ 在 Γ 内的零点个数.

证　因为 $\{f_n(z)\}$ 在 G 的内部一致收敛于 $f(z)$,而 $f(z)$ 不恒等于零,由魏尔斯特拉斯(Weierstrass)定理知: $f(z)$ 在 G 内解析,故 $|f(z)|$ 在 Γ 上连续 ($\Gamma\subset G$).令 $m=\min\{|f(z)|,z\in\Gamma\}$,则 $m>0$(因为在 Γ 上 $f(z)\neq 0$).由于 $\{f_n(z)\}$ 在 Γ 上是一致收敛的,所以对给定 $m>0$,存在 $N_{(\Gamma)}$,使得当 $n>N_{(\Gamma)}$ 时,有
$$|f_n(z)-f(z)|<m\leqslant|f(z)|\quad(z\in\Gamma)$$
由儒歇定理知:函数 $f(z)$ 和 $f(z)+[f_n(z)-f(z)]=f_n(z)$ $(n>N_{(\Gamma)})$ 在 Γ 内的零点的个数相等.

❻❾ 证明:若 $0<a_0<a_1<\cdots<a_n$,则方程
$$f(z)=a_0+a_1z+\cdots+a_nz^n=0$$
所有的根都在单位圆内.

证　因为 $0<a_0<a_1<\cdots<a_n$,所以对任意的 $x>0$,有 $f(x)>0$,即方程无正实数根.

若 z 不是正实数,由于
$$|f(z)(z-1)|=|a_nz^{n+1}-[a_0+(a_1-a_0)z+\cdots+(a_n-a_{n-1})z^n]|\geqslant$$
$$|a_nz^{n+1}|-|a_0+(a_1-a_0)z+\cdots+(a_n-a_{n-1})z^n|>$$
$$a_n|z|^{n+1}-[a_0+(a_1-a_0)|z|+\cdots+(a_n-a_{n-1})|z|^n]$$
这是因为 $a_0,a_1-a_0,\cdots,a_n-a_{n-1}$ 都是正数,而 z 不是正数,所以矢量 $a_0,(a_1-a_0)z,\cdots,(a_n-a_{n-1})z^n$ 不可能在同一方向上,故有
$$|a_0+(a_1-a_0)z+\cdots+(a_n-a_{n-1})z^n|<$$
$$a_0+(a_1-a_0)|z|+\cdots+(a_n-a_{n-1})|z|^n$$
倘若还有 $|z|\geqslant 1$,有

$$a_0 + (a_1 - a_0)|z| + \cdots + (a_n - a_{n-1})|z|^n \leqslant$$
$$[a_0 + (a_1 - a_0) + \cdots + (a_n - a_{n-1})]|z|^{n+1} = a_n|z|^{n+1}$$

于是,当 z 不是正数,且 $|z| \geqslant 1$ 时

$$|f(z)(z-1)| > a_n|z|^{n+1} - a_n|z|^{n+1} = 0$$

即
$$f(z)(z-1) \neq 0$$

由此可见,当 z 不是正数,且 $|z| \geqslant 1$ 时, $f(z) \neq 0$. 而上面已证当 $z = x > 0$ 时, $f(x) > 0$,所以当 $|z| \geqslant 1$ 时, $f(z) \neq 0$.故得方程 $f(z) = 0$ 的 n 个根都在单位圆内.

我们有以下一般性的结论:

❼⓿ 若多项式

$$P(z) = a_0 z^n + a_1 z^{n-1} + \cdots + a_n \quad (a_0 \neq 0)$$

的系数之间有以下关系

$$|a_l| > |a_0| + |a_1| + \cdots + |a_{l-1}| + |a_{l+1}| + \cdots + |a_n| \quad (1)$$

则 $P(z)$ 在单位圆 $|z| < 1$ 内有 $n - l$ 个零点.

证 这只要令 $f(z) = a_l z^{n-l}$,且

$$\varphi(z) = a_0 z^n + \cdots + a_{l-1} z^{n-l+1} + a_{l+1} z^{n-l-1} + \cdots + a_n$$

并由不等式(1)可知, $|f(z)| > |\varphi(z)|$ 在 $|z| = 1$ 上成立,然后由儒歇定理就立刻得知 $f(z) + \varphi(z) = P(z)$ 与 $f(z) = a_l z^{n-l}$ 在单位圆 $|z| < 1$ 内的零点一样多,故 $P(z)$ 在 $|z| < 1$ 内有 $n - l$ 个零点.证毕.

❼❶ 若 n 次多项式

$$P(z) = a_0 z^n + a_1 z^{n-1} + \cdots + a_n$$

在虚轴上没有零点,则 $P(z)$ 的全部零点具有负实部(即全部零点在左半平面 $\mathrm{Re}\, z < 0$ 内)的充分必要条件是

$$\Delta_{y(-\infty \nearrow +\infty)} \arg P(\mathrm{i}y) = n\pi$$

或

$$\lim_{R \to \infty} \Delta_{[-R\mathrm{i}, R\mathrm{i}]} \arg P(\mathrm{i}y) = n\pi$$

证 作周线 Γ_R, Γ_R 由右半圆周 C_R: $|z| = R$, $\mathrm{Re}\, z \geqslant 0$ 和虚轴从 $R\mathrm{i}$ 到 $-R\mathrm{i}$ 的线段所组成(图2).

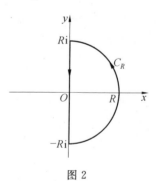

图 2

显然,据辐角原理可知,$P(z)$ 的零点全部在左半平面的充要条件是

$$\lim_{R \to \infty} \Delta_{\Gamma_R} \arg P(z) = 0 \tag{1}$$

然而

$$\Delta_{\Gamma_R} \arg P(z) = \Delta_{\Gamma_R} \arg P(z) - \Delta_{[-Ri, Ri]} \arg P(\mathrm{i}y) \tag{2}$$

又因

$$\Delta_{C_R} \arg P(z) = \Delta_{C_R} \arg a_0 z^n \left(1 + \frac{a_1 z^{n-1} + \cdots + a_n}{a_0 z^n}\right) =$$

$$\Delta_{C_R} \arg a_0 z^n + \Delta_{C_R} \arg \left(1 + \frac{a_1 z^{n-1} + \cdots + a_n}{a_0 z^n}\right) \tag{3}$$

首先易知(因为当 z 沿 C_R 变动时,$\arg z$ 由 $-\dfrac{\pi}{2}$ 变到 $\dfrac{\pi}{2}$,即 $\Delta_{C_R} \arg z = \pi$)

$$\Delta_{C_R} \arg a_0 z^n = n\pi \tag{4}$$

又由于当 $R \to \infty$ 时,一致地有 $\dfrac{a_1 z^{n-1} + \cdots + a_n}{a_0 z^n} \to 0$,故当 $R \to \infty$ 时

$$\Delta_{C_R} \arg \left(1 + \frac{a_1 z^{n-1} + \cdots + a_n}{a_0 z^n}\right) \to 0 \tag{5}$$

由式(3)～式(5)知

$$\lim_{R \to \infty} \Delta_{C_R} \arg P(z) = n\pi \tag{6}$$

由式(1),式(2),式(6)得

$$\lim_{R \to \infty} \Delta_{[-Ri, Ri]} \arg P(\mathrm{i}y) = n\pi$$

证毕.

❼❷ 区域 D 内单叶解析函数 $f(z)$ 的导数必不为零,即于 D 内的任一点有 $f'(z) \neq 0$.

证　设 $z_0 \in D$ 且 $f'(z_0) = 0$.显然 z_0 是 $f(z) - f(z_0)$ 的零点,于是可知 $[f(z) - f(z_0)]'\Big|_{z = z_0} = 0$,因而 z_0 作为 $f(z) - f(z_0)$ 的零点的阶 n 不小于 2,即 $n \geqslant 2$.

又由 $f(z)$ 的单叶性可知,$f(z) - f(z_0)$ 在 D 内除 z_0 外再无其他零点.特别地,存在 $\delta > 0$,使得圆 $|z - z_0| \leqslant \delta$ 含于 D 内,而 $f(z) - f(z_0)$ 在圆 $|z - z_0| = \delta$ 上无零点.令

$$m = \inf_{|z - z_0| = \delta} |f(z) - f(z_0)|$$

显然 $m > 0$.取数 a,使得 $0 < |-a| < m$,则由儒歇定理知,$f(z) - f(z_0) - a$

与 $f(z)-f(z_0)$ 在圆 $\mid z-z_0\mid<\delta$ 内的零点一样多. 后者有 n 个零点(因 z_0 为 $f(z)-f(z_0)$ 的 n 阶零点且无别的零点),故 $f(z)-f(z_0)-a$ 在 $\mid z-z_0\mid<\delta$ 内也有 n 个零点 $z_1,z_2,\cdots,z_n$.

现在指出,$z_1,z_2,\cdots,z_n$ 是 $f(z)-f(z_0)-a$ 的彼此互异的 n 个根. 首先注意,z_0 不是 $f(z)-f(z_0)-a$ 的零点. 另外,因为 $[f(z)-f(z_0)-a]'=f'(z)$ 在异于 z_0 的任何点的值非零,所以 $f(z)-f(z_0)-a$ 的零点都必定是一阶零点,故 $z_1,z_2,\cdots,z_n$ 这些零点必两两互异,于是由

$$f(z_k)-f(z_0)-a=0 \ \text{或}\ f(z_k)=f(z_0)+a$$

对 $k=1,2,\cdots,n(n\geqslant2)$ 都成立,即导致与 $f(z)$ 的单叶性假设相违的结论. 证毕.

❼❸ 确定方程 $z^4+\mathrm{i}z^2+2=0$ 的根的位置.

解 取 $g(z)=z^4,f(z)=z^4+\mathrm{i}z^2+2$.

注意 $\mid f(z)-g(z)\mid=\mid\mathrm{i}z^2+2\mid\leqslant\mid z^2\mid+2$,且

$$\mid g(z)\mid=\mid z\mid^4$$

因此若 $r=\mid z\mid<\sqrt{2}$,则

$$\mid f(z)-g(z)\mid<\mid g(z)\mid$$

因 $g(z)$ 在任何正的半径的圆上不为 0,前面不等式表明 f 在半径大于 $\sqrt{2}$ 的圆上不等于 0,由儒歇定理知,f 的四个根全在圆盘 $\mid z\mid\leqslant\sqrt{2}$ 内.

其次,令 $h(z)=z^4+2\mathrm{i}z^2=z^2(z^2+2\mathrm{i})$. 显然,$h$ 有一个重根在 $z=0$ 处,另两根在圆 $\mid z\mid=\sqrt{2}$ 上,此外

$$\mid f(z)-h(z)\mid=\mid-\mathrm{i}z^2+2\mid=\mid z^2+2\mathrm{i}\mid=\frac{\mid h(z)\mid}{\mid z\mid^2}$$

对任何 $1<r<2$ 的半径 r,h 因此 f 在 $\mid z\mid=r$ 上不为 0 且 $\mid f(z)-h(z)\mid<\mid h(z)\mid$. 儒歇定理表明 f 在 $\mid z\mid<r$ 内有确定的两个根,令 r 趋于 1 与 2,我们就得到 f 有两个根在闭圆盘 $\mid z\mid\leqslant1$ 上与两个根在圆 $\mid z\mid=\sqrt{2}$ 上.

最后,令 $g_1(z)=2$,则

$$\mid f(z)-g_1(z)\mid=\mid z^4+\mathrm{i}z^2\mid\leqslant\mid z\mid^4+\mid z\mid^2<2=\mid g_1(z)\mid$$

不论 $\mid z\mid<1$ 如何,对任何 $0<r<1$ 的 $r,g_1(z)$ 因此 f 在 $\mid z\mid<r$ 上不为 0. 比较这三个结果我们就找到了 $f(z)$ 有两个根在 $\mid z\mid=1$ 与两个根在 $\mid z\mid=\sqrt{2}$ 上.

现在来考察根在各象限的分布. 首先,易知 $f(z)$ 有一个非零的虚数部分,

除非 $z=0$. 因此 f 在坐标轴上无根,考虑充分大的一

个 $\dfrac{1}{4}$ 圆(图 3),在第一象限,我们来计算

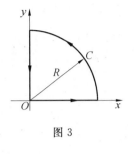

图 3

$$\Delta \arg(z^4 + iz^2 + 2)$$

由于 $f(0)=2$,且

$$\arg f(R) = \arg R^4 \left(1 + \frac{i}{R^2} + \frac{2}{R^4}\right) =$$

$$\arg\left(1 + \frac{i}{R^2} + \frac{2}{R^4}\right) \to 0 \quad (R \to \infty)$$

因 f 在第一象限上取值,故可得结论.当 z 沿实轴由 0 变到 ∞ 时,辐角无变化;沿弧 C,z^4 的辐角变了 2π(即 $4 \times \dfrac{\pi}{2}$).当 $R \to \infty$ 时,2π 亦是辐角变化的极限(因可写 $f(z)$ 为 $z^4\left(1 + \dfrac{i}{z^2} + \dfrac{2}{z^4}\right)$).类似地,在虚轴上辐角没有变化.故得沿第一象限的周道,辐角变化为 2π,于是由辐角原理,恰有一个根在第一象限.因 $f(z)=f(-z)$,故 z 是根,$-z$ 亦然.于是每个象限都有一根,且两两对称(于原点)地分布在 $|z|=1$ 与 $|z|=\sqrt{2}$ 上.

❼❹ 若 $f:A \to C$(C 为复平面)是解析且一对一的,则对所有的 $z_0 \in A$,$f'(z_0) \neq 0$.

　　证　若不然,对某点 z_0,我们有 $f'(z_0)=0$.

则 $f(z)-f(z_0)$ 在 z_0 有一个阶数 $k \geqslant 2$ 的零点,因为 f 不是常数,因此零点是被隔离的.于是存在一个 $\delta > 0$,与 $m > 0$,使在圆 $|z-z_0|=\delta$ 上,$|f(z)-f(z_0)| \geqslant m > 0$,且对 $0 < |z-z_0| < \delta$,$f'(z) \neq 0$.对 $0 < \eta < \delta$,由儒歇定理我们得结论:$f(z) - f(z_0) - \eta$ 在 $|z-z_0|=\delta$ 内有 k 个零点,任意一个零点都不能是重零点.因对 $|z-z_0| \leqslant \delta, z \neq z_0, f'(z) \neq 0$,所以对两个相异点 z,$f(z)=f(z_0)+\eta$ 成立,因此就不能是一一对应的.

❼❺ 设 $f(z)=\displaystyle\sum_{n=0}^{\infty} a_n z^n$,假设 $a_0=1$,$a_1=0$,且 f 不是一个常数,

证明:若 $\displaystyle\sum_{l=2}^{\infty} l|a_l| \leqslant 1$,则 f 在单位圆盘 $\{z \mid |z| < 1\}$ 内是一一的.

　　证　因为 $\displaystyle\sum_{l=2}^{\infty} l|a_l| \leqslant 1$,我们得 $|a_n| \leqslant 1$.

因此 $|a_n z^n| \leqslant |z|^n$，但已知当 $|z| < 1$ 时，$\sum |z^n|$ 收敛，于是当 $|z| < 1$ 时，$\sum a_n z^n$ 收敛，所以 f 是 $\{z \mid |z| < 1\}$ 内的解析函数.

设 $|z_0| < 1$，我们只需证 $f(z) = f(z_0)$ 恰有一解 z_0. 令 $g(z) = z - z_0$，$g(z)$ 恰有一个零点，因此令

$$h(z) = f(z) - f(z_0)$$

则

$$h(z) - g(z) = \sum_{n=2}^{\infty} a_n z^n - \sum_{n=2}^{\infty} a_n z_0^n$$

为了进行估计，令 $\phi(z) = \sum_{n=2}^{\infty} a_n z^n$，则

$$|\phi(z) - \phi(z_0)| \leqslant \{\max |\phi'(t)|\} \cdot |z - z_0|$$

这里最大值是取在 t 沿联结 z_0 与 z 的直线上，但

$$|\phi'(t)| = \left| \sum_{n=2}^{\infty} n a_n z^{n-1} \right| < \sum_{n=2}^{\infty} n |a_n| \leqslant 1 \quad (|z| < 1)$$

我们用这样的事实，对 $n \geqslant 2$，某个 $a_n \neq 0$（因 f 不是常数），因此

$$|h(z) - g(z)| = |\phi(z) - \phi(z_0)| < |z - z_0| = |g(z)|$$

于是，由儒歇定理，$h(z) = f(z) - f(z_0)$ 正好有一个解 $z = z_0$，断言得证.

❼❻ 设对周道 C 上所有 z 不等式，满足

$$|a_k z^k| > |a_0 + a_1 z + \cdots + a_{k-1} z^{k-1} + a_{k+1} z^{k+1} + \cdots + a_m z^m|$$

则周道包含方程

$$f(z) = a_m z^m + a_{m-1} z^{m-1} + \cdots + a_1 z + a_0$$

的 k 个根.

证 因

$$f(z) = a_k z^k \left[1 + \frac{a_m z^m + \cdots + a_{k+1} z^{k+1} + a_{k-1} z^{k-1} + \cdots + a_0}{a_k z^k} \right] =$$
$$a_k z^k (1 + U)$$

而 $|U|$ 是 C 上 z 的连续函数，因此可取到它的上确界 α，且 $\alpha < 1$，故在 C 上有 $|U| \leqslant \alpha < 1$（α 与 z 无关）.

故 $f(z)$ 包含在 C 内的根的个数为

$$\frac{1}{2\pi i} \int_C \frac{f'(z)}{f(z)} dz = \frac{1}{2\pi i} \int_C \left(\frac{k}{z} + \frac{1}{1+U} \frac{dU}{dz} \right) dz$$

但 $\int_C \frac{dz}{z} = 2\pi i$，且 $|U| < 1$，我们能把 $(1+U)^{-1}$ 表为一个一致收敛级数

$$1 - U + U^2 - U^3 + \cdots$$

使得

$$\int_c \frac{\mathrm{d}U}{1+U} \frac{1}{\mathrm{d}z} \mathrm{d}z = \left[U - \frac{1}{2}U^2 + \frac{1}{3}U^3 - \cdots \right]\Big|_c = 0$$

因此包含在 C 内的根的个数等于 k.

❼❼ 若 $pz^2 - qz + 1 = 0$，p,q 为何值时方程的根在单位圆内.

解　假设 p 和 q 为实数，所给方程的根在单位圆内的充要条件是方程 $z^2 - qz + p = 0$ 的根在单位圆内. 后一方程的根设为 α 和 β，因 $\alpha + \beta = q$，$\alpha\beta = p$，且 p,q 是实数，由此得出 α 和 β 都是实的或非实共轭复数.

情形 1　α 与 β 都为实的.

设 $|\alpha| < 1$，$|\beta| < 1$，若 α,β 都为正，我们有

$$(\alpha - 1)(\beta - 1) = \alpha\beta - (\alpha + \beta) + 1 > 0 \quad (0 < \alpha\beta < 1)$$

此时 $0 < p < 1$，$q < p + 1$.

若 α,β 都为负，我们有

$$(\alpha + 1)(\beta + 1) = \alpha\beta + (\alpha + \beta) + 1 > 0 \quad (0 < \alpha\beta < 1)$$

这时 $0 < p < 1$，$-q < p + 1$.

若 α 为正，β 为负，我们有

$$(\alpha - 1)(\beta - 1) = \alpha\beta - (\alpha + \beta) + 1 > 0 \quad (-1 < \alpha\beta < 0)$$

这时 $-1 < p < 0$，$q < p + 1$. 若一个根，比如 $\alpha = 0$，则 $\beta = q$ 且 $p = 0$，$|q| = |\beta| < 1 = p + 1$.

综合各种可能情形我们得，若 $|\alpha| < 1$，$|\beta| < 1$，则 $0 \leqslant |p| < 1$ 与 $|q| < p + 1$.

类似地分析可证，若不是 $|\alpha| < 1$ 与 $|\beta| < 1$，则不是 $|q| \geqslant p + 1$，就是 $|p| \geqslant 1$. 因此得出若 $0 \leqslant |p| < 1$ 与 $|q| < p + 1$，则 $|\alpha| < 1$ 与 $|\beta| < 1$.

情形 2　α,β 为非实共轭复数.

设 $\alpha = x + \mathrm{i}y$，$\beta = \bar{\alpha} = x - \mathrm{i}y$，则

$$0 < (|x| - 1)^2 + y^2 = x^2 + y^2 + 1 - 2|x|$$

此时

$$|q| = |\alpha + \beta| = 2|x| < x^2 + y^2 + 1 = p + 1$$

令 $|\alpha| = |\beta| < 1$ 的充要条件是 $p = |\alpha\beta| = |\alpha|^2 < 1$.

情形 1 与情形 2 的结果表明：$pz^2 - qz + 1 = 0$ 的根在单位圆内的充要条件是 $0 \leqslant |p| < 1$ 与 $|q| < p + 1$，即当且仅当在平面 $p-q$ 上，点 (p,q) 落在以 $(1,2)$，$(-1,0)$，$(1,-2)$ 为顶点的三角形的内部.

第二章　　留数理论在定积分上的应用

❶ 设 $f(z)$ 在区域 G 内除了有限多个极点外为解析,且在实轴上没有极点,若存在常数 M 与 R 使当 $|z| \geqslant R$ 时有 $|f(z)| \leqslant \dfrac{M}{|z|^2}$(一般可设 $|f(z)| \leqslant \dfrac{M}{|z|^\alpha}$,其中 $\alpha > 1$),则

$$\int_{-\infty}^{+\infty} f(x)\mathrm{d}x = 2\pi\mathrm{i}\sum(f \text{ 在上半平面的留数}) =$$

$$-2\pi\mathrm{i}\sum(f \text{ 在下半平面的留数}) \qquad (1)$$

特别地,式(1) 对 $f = \dfrac{P(z)}{Q(z)}$ 保持,此处 P 与 Q 为多项式,而 Q 的次数大于等于 $2 + P$ 的次数.

证　设 $r > R$,考虑 $|z| = r$ 的上半圆和实轴上的线段 $[-r, r]$ 所组成的闭曲线 C_r(图 4).选 r 足够大,使 C_r 包含 f 在上半平面的所有极点,则由留数定理

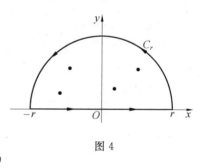

图 4

$$\int_{C_r} f\mathrm{d}z = 2\pi\mathrm{i}\sum(f \text{ 在上半平面的留数})$$

但

$$\int_{C_r} f(z)\mathrm{d}z = \int_{-r}^{r} f(x)\mathrm{d}x + \int_0^\pi f(re^{\mathrm{i}\theta})\mathrm{i}re^{\mathrm{i}\theta}\mathrm{d}\theta$$

由微积分理论知:由于 f 连续,且当 $|x| \geqslant R$ 时,$|f(x)| \leqslant \dfrac{M}{|x|^\alpha}$,$\alpha > 1$,因此 f 可积,于是

$$\lim_{r\to\infty} \int_{-r}^{r} f(x)\mathrm{d}x = \int_{-\infty}^{+\infty} f(x)\mathrm{d}x$$

存在.

另一方面

$$\left| \int_0^\pi f(re^{\mathrm{i}\theta})\mathrm{i}re^{\mathrm{i}\theta}\mathrm{d}\theta \right| \leqslant \pi \frac{M}{r^\alpha} r = \frac{\pi M}{r^{\alpha-1}}$$

因 $\alpha > 1$,故

$$\lim_{r \to \infty} \int_0^\pi f(re^{i\theta}) ire^{i\theta} d\theta = 0$$

于是有

$$\int_{-\infty}^{+\infty} f(x) dx = 2\pi i \sum (f \text{ 在上半平面的留数})$$

对下半平面的情形仿此证明.

对于 $f = \dfrac{P}{Q}$, 只需证对充分大的 $|z|$ 有 $|f| \leqslant \dfrac{M}{|z|^2}$. 设 P 的次数为 n, 而 Q 的次数为 $n + m (m \geqslant 2)$, 则对 $|z| > 1$, 存在一个 $M_1 > 0$ 使 $|P(z)| \leqslant M_1 |z|^n$, 以及若 $|z| \geqslant R$(对某个 $R > 1$), 有 $M_2 > 0$ 使 $|Q(z)| \geqslant M_2 |z|^{n+m}$.

因此

$$\left| \frac{P(z)}{Q|z|} \right| \leqslant \frac{M_1}{M_2} \cdot \frac{1}{|z|^m} \leqslant \frac{M_1}{M_2} \cdot \frac{1}{|z|^2} \quad (|z| \geqslant R)$$

故令 $M = \dfrac{M_1}{M_2}$ 即得.

❷ 求 $I = \displaystyle\int_{-\infty}^{+\infty} \frac{dx}{x^4 + 1}$.

解　这里 $P(x) = 1, Q(x) = x^4 + 1$, 符合上题的条件, $\dfrac{P}{Q}$ 的极点是 -1 的四次方根, 即 $e^{\frac{\pi i}{4}}, e^{\frac{3\pi i}{4}}, e^{\frac{5\pi i}{4}}, e^{\frac{7\pi i}{4}}$, 但在上半平面仅是前两个. 因在点 z_0 处的留数为

$$\frac{1}{4z_0^3} = -\frac{z_0}{4}$$

因此

$$\text{Res}(f, e^{\frac{\pi i}{4}}) + \text{Res}(f, e^{\frac{3\pi i}{4}}) = -\frac{1}{4}(e^{\frac{\pi i}{4}} + e^{\frac{3\pi i}{4}}) =$$

$$-\frac{1}{4} e^{\frac{\pi i}{4}}(1 + e^{\frac{\pi i}{2}}) = -\frac{1}{4}\left(\frac{1+i}{\sqrt{2}}\right)(1+i) =$$

$$-\frac{1}{4} \cdot \frac{2i}{\sqrt{2}} = -\frac{i}{2\sqrt{2}}$$

从而 $I = \dfrac{\pi}{\sqrt{2}}$.

❸ 求 $I = \displaystyle\int_{-\infty}^{+\infty} \frac{dx}{(x^2 + a^2)^3}$.

解 $f(z) = \dfrac{1}{(z^2 + a^2)^3}$ 在上半平面仅有一个三阶极点 $z_0 = ai$，留数是

$$c_{-1} = \frac{1}{2!} \lim_{z \to z_0} \frac{\mathrm{d}^2}{\mathrm{d}z^2} \left[\frac{(z - ai)^3}{(z^2 + a^2)^3} \right] =$$

$$\frac{1}{2} \times \left[\frac{\mathrm{d}^2}{\mathrm{d}z^2} \frac{1}{(z + ai)^3} \right] \Big|_{z = ai} =$$

$$\frac{1}{2} \times \frac{3 \times 4}{(2ai)^5} = \frac{3}{16 a^5 i}$$

所以

$$I = \frac{3\pi}{8a^5}$$

❹ 求 $I = \displaystyle\int_0^\infty \frac{x^{2p} - x^{2q}}{1 - x^{2r}}$，其中 p, q, r 为非负整数，且 $p < r, q < r$.

解 设 $F(z) = \dfrac{z^{2p} - z^{2q}}{1 - z^{2r}}$ 分母的次数 $2r$ 比分子的次数至少大 2，$F(z)$ 的所有极点为

$$z = \mathrm{e}^{\frac{k\pi i}{r}} \quad (k = 1, \cdots, r-1, r+1, \cdots, 2r-1)$$

（因为分子与分母有公因子 $1 - z^2$，所以 $+1$ 并非 $F(z)$ 的极点. 若 p, q 与 r 不互质，则所述的某些点也不是 $F(z)$ 的极点）位于上半平面的极点是 $z = \mathrm{e}^{\frac{k\pi i}{r}}$ $(k = 1, 2, \cdots, r-1)$，且全是单阶的，因此留数是

$$\frac{\mathrm{e}^{\frac{k\pi i}{r} 2p} - \mathrm{e}^{\frac{k\pi i}{r} 2q}}{-2r \mathrm{e}^{-\frac{k\pi i}{r}}} = \frac{1}{2r} \left[\mathrm{e}^{(2q+1)\frac{k\pi i}{r}} - \mathrm{e}^{(2p+1)\frac{k\pi i}{r}} \right]$$

故

$$\int_{-\infty}^{+\infty} \frac{x^{2p} - x^{2q}}{1 - x^{2r}} \mathrm{d}x = \frac{\pi i}{r} \sum_{k=1}^{r-1} \left[\mathrm{e}^{(2q+1)\frac{k\pi i}{r}} - \mathrm{e}^{(2p+1)\frac{k\pi i}{r}} \right] =$$

$$\frac{\pi}{r} \left[i \frac{1 + \mathrm{e}^{(2q+1)\frac{\pi i}{r}}}{1 - \mathrm{e}^{(2q+1)\frac{\pi i}{r}}} - i \frac{1 + \mathrm{e}^{(2p+1)\frac{\pi i}{r}}}{1 - \mathrm{e}^{(2p+1)\frac{\pi i}{r}}} \right] =$$

$$\frac{\pi}{r} \left(\cot \frac{2p+1}{2r} \pi - \cot \frac{2q+1}{2r} \pi \right)$$

因被积函数为偶函数，所以

$$\int_0^\infty \frac{x^{2p} - x^{2q}}{1 - x^{2r}} \mathrm{d}x = \frac{\pi}{2r} \left(\cot \frac{2p+1}{2r} \pi - \cot \frac{2q+1}{2r} \pi \right)$$

若 $r = 2n$ 且 $q = p + n (p < n)$，则上式变为

$$\int_0^\infty \frac{x^{2p}}{1+x^{2n}}dx = \frac{\pi}{2n\sin\dfrac{2p+1}{2n}\pi}$$

❺ 求积分 $I = \dfrac{1}{2\pi}\displaystyle\int_0^{2\pi} \frac{d\theta}{1+\epsilon\cos\theta}, 0<\epsilon<1.$

解　如前所述

$$I = \frac{1}{2\pi}\int_0^{2\pi} \frac{d\theta}{1+\epsilon\cos\theta} = \frac{1}{2\pi}\int_{|z|=1} \frac{1}{1+\epsilon\dfrac{z+z^{-1}}{2}} \cdot \frac{dz}{iz} =$$

$$\frac{1}{2\pi i}\int_{|z|=1} \frac{2dz}{\epsilon\left(z^2+\dfrac{2}{\epsilon}z+1\right)}$$

右端实际上是函数 $\dfrac{2}{\epsilon\left(z^2+\dfrac{2}{\epsilon}z+1\right)}$ 在单位圆 $|z|<1$ 内各极点留数的和. 然

而 $\dfrac{2}{\epsilon\left(z^2+\dfrac{2}{\epsilon}z+1\right)}$ 的两个极点是

$$z_1 = -\frac{1}{\epsilon}+\frac{1}{\epsilon}\sqrt{1-\epsilon^2}, z_2 = -\frac{1}{\epsilon}-\frac{1}{\epsilon}\sqrt{1-\epsilon^2}$$

这两个极点的绝对值不相等且乘积等于1,故其一必在单位圆 $|z|=1$ 外,另一个在单位圆内. 显然 z_1 在单位圆内,易计算 $\dfrac{2}{\epsilon\left(z^2+\dfrac{2}{\epsilon}z+1\right)}$ 在点 $z=z_1$ 的

留数等于 $\dfrac{1}{\sqrt{1-\epsilon^2}}$. 因此

$$I = \frac{1}{2\pi}\int_0^{2\pi}\frac{d\theta}{1+\epsilon\cos\theta} = \mathrm{Res}\left[\frac{2}{\epsilon\left(z^2+\dfrac{2}{\epsilon}z+1\right)}, z_1\right] = \frac{1}{\sqrt{1-\epsilon^2}}$$

❻ 设 $\delta>0$, 若令联系于 $z=iy(-\infty<y\leqslant-\delta), z=\delta e^{i\theta}\left(-\dfrac{\pi}{2}<\theta<\dfrac{\pi}{2}\right), z=iy(\delta\leqslant y<+\infty)$ 所得的曲线为 C(图 5(a)),则

$$\mathrm{P.V.}\int_C \frac{e^{tz}}{z}dz = \begin{cases} 2\pi i & (t>0) \\ \pi i & (t=0) \\ 0 & (t<0) \end{cases}$$

左边的积分表示下列积分的主值

$$\mathrm{P.\,V.}\int_C \frac{\mathrm{e}^{tz}}{z}\mathrm{d}z = \lim_{R\to\infty}\int_{C_R} \frac{\mathrm{e}^{tz}}{z}\mathrm{d}z$$

其中 C_R 表示曲线 C 在 $|z|\leqslant R$ 的部分.

解 (1) 当 $t>0$ 时,作变换 $z=\mathrm{i}\zeta(\zeta=\xi+\mathrm{i}\eta)$,则得

$$\int_{C_R} \frac{\mathrm{e}^{tz}}{z}\mathrm{d}z = \int_{\Gamma_R} \frac{\mathrm{e}^{\mathrm{i}t\zeta}}{\zeta}\mathrm{d}\zeta$$

其中 Γ_R 是联系于 $-R\leqslant\zeta\leqslant-\delta$, $\zeta=\delta\mathrm{e}^{\mathrm{i}\theta}(-\pi<\theta\leqslant0)$, $\delta\leqslant\xi\leqslant R$ 的曲线. 令 K_R 表示半圆周 $\zeta=R\mathrm{e}^{\mathrm{i}\theta}(0\leqslant\theta\leqslant\pi)$,则 Γ_R+K_R 构成闭路(图 5(b)).

由于 $\zeta=0$ 是 $\dfrac{\mathrm{e}^{\mathrm{i}t\zeta}}{\zeta}$ 的一阶极点,所以

$$\mathrm{Res}\left(\frac{\mathrm{e}^{\mathrm{i}t\zeta}}{\zeta},0\right)=1$$

故

$$\int_{\Gamma_R} \frac{\mathrm{e}^{\mathrm{i}t\zeta}}{\zeta}\mathrm{d}\zeta + \int_{K_R} \frac{\mathrm{e}^{\mathrm{i}t\zeta}}{\zeta}\mathrm{d}\zeta = 2\pi\mathrm{i} \tag{1}$$

因为 $\lim\limits_{R\to\infty}\int_{K_R} \dfrac{\mathrm{e}^{\mathrm{i}t\zeta}}{\zeta}\mathrm{d}\zeta=0$,所以

$$\mathrm{P.\,V.}\int_C \frac{\mathrm{e}^{tz}}{z}\mathrm{d}z = \lim_{R\to\infty}\int_{C_R} \frac{\mathrm{e}^{tz}}{z}\mathrm{d}z = \lim_{R\to\infty}\int_{C_R} \frac{\mathrm{e}^{\mathrm{i}t\zeta}}{\zeta}\mathrm{d}\zeta = 2\pi\mathrm{i}$$

(2) 当 $t=0$ 时,与(1)同样计算得式(1),这里 $\int_{K_R} \dfrac{\mathrm{d}\zeta}{\zeta} = \int_0^\pi \mathrm{i}\mathrm{d}\theta = \pi\mathrm{i}$,于是

$$\int_{\Gamma_R} \frac{\mathrm{d}\zeta}{\zeta} = \pi\mathrm{i}$$

所以

$$\mathrm{P.\,V.}\int_C \frac{\mathrm{d}z}{z} = \lim_{R\to\infty}\int_{\Gamma_R} \frac{\mathrm{d}\zeta}{\zeta} = \pi\mathrm{i}$$

(3) 当 $t<0$ 时,作变换 $z=-\mathrm{i}\zeta(\zeta=\xi+\mathrm{i}\eta)$,则得

$$\int_{C_R} \frac{\mathrm{e}^{tz}}{z}\mathrm{d}z = \int_{\Gamma_R} \frac{\mathrm{e}^{-\mathrm{i}t\zeta}}{\zeta}\mathrm{d}\zeta$$

其中 Γ_R 是联系于 $-R\leqslant\xi\leqslant-\delta$, $\zeta=\delta\mathrm{e}^{\mathrm{i}\theta}(0\leqslant\theta\leqslant\pi)$, $\delta\leqslant\xi\leqslant R$ 的曲线,但在半圆周 $\zeta=\delta\mathrm{e}^{\mathrm{i}\theta}(0\leqslant\theta\leqslant\pi)$ 上取 θ 减小的方向,于是 Γ_R 与 K_R 构成闭路(图 5(c)). 在此闭路的内部及其上, $\dfrac{\mathrm{e}^{-\mathrm{i}t\zeta}}{\zeta}$ 是解析的. 由柯西定理知

$$\int_{\Gamma_R} \frac{\mathrm{e}^{-\mathrm{i}t\zeta}}{\zeta}\mathrm{d}\zeta + \int_{K_R} \frac{\mathrm{e}^{-\mathrm{i}t\zeta}}{\zeta}\mathrm{d}\zeta = 0$$

由于

$$\lim_{R \to \infty} \int_{K_R} \frac{e^{-i t \zeta}}{\zeta} d\zeta = 0 \quad (-t > 0)$$

所以

$$P. V. \int_C \frac{e^{tz}}{z} dz = 0$$

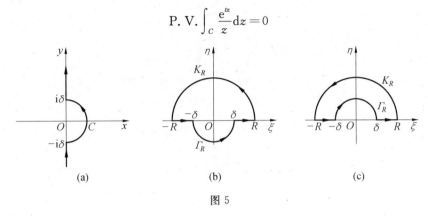

(a)　　　　　　(b)　　　　　　(c)

图 5

❼ 若 $a > 0$，C 为直线 $z = a + iy(-\infty < y < \infty)$，则

$$\int_C \frac{e^{\alpha z} dz}{z^2} = 2\pi i \alpha \quad (\alpha \geqslant 0)$$

解　设 $f(z) = \dfrac{e^{\alpha z}}{z^2}$，因 $\lvert f(a + iy) \rvert = \dfrac{e^{\alpha a}}{a^2 + y^2}$，所以积分 $\int_C f(z) dz =$
$\int_{-\infty}^{+\infty} f(a + iy) i dy$ 是存在的.

令 $z = x + iy$，考虑沿长方形 $-R \leqslant x \leqslant a, -R \leqslant y \leqslant R$ 的周界（图 6）的
积分. 因为 $f(z)$ 在 $\lvert z \rvert < \infty$ 仅有一个二阶极点 $z = 0$，而 $\text{Res}[f(z), 0] = \alpha$，所
以

$$\int_{-R}^{R} f(a + iy) i dy + \int_{a}^{-R} f(x + iR) dx + \int_{R}^{-R} f(-R + iy) i dy +$$

$$\int_{-R}^{a} f(x - iR) dx = 2\pi i \alpha$$

考虑左边第二项与第四项的积分，因为

$$\left\lvert \int_{a}^{-R} f(x \pm iR) dx \right\rvert \leqslant \int_{-R}^{a} \frac{e^{\alpha a}}{x^2 + R^2} dx \leqslant \int_{-R}^{a} \frac{e^{\alpha a}}{R^2} dx = \frac{e^{\alpha a}(a + R)}{R^2}$$

第三项的积分

$$\left\lvert \int_{R}^{-R} f(-R + iy) i dy \right\rvert \leqslant \int_{-R}^{R} \frac{e^{-\alpha R}}{R^2 + y^2} dy \leqslant \int_{-R}^{R} \frac{dy}{R^2} = \frac{2}{R}$$

所以

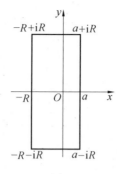

图 6

$$\int_{-\infty}^{+\infty} f(a+\mathrm{i}y)\mathrm{i}\,\mathrm{d}y = \lim_{R\to\infty} \int_{-R}^{R} f(a+\mathrm{i}y)\mathrm{i}\,\mathrm{d}y = 2\pi\mathrm{i}\alpha$$

求形如 $\int_{0}^{2\pi} f(\cos\theta,\sin\theta)\mathrm{d}\theta$ 的积分. 若 $f(\cos\theta,\sin\theta)$ 是 $\cos\theta$ 与 $\sin\theta$ 的有理函数,在 $(0,2\pi)$ 中有界,令 $z=\mathrm{e}^{\mathrm{i}\theta}$,由于

$$\cos\theta = \frac{1}{2}\left(z+\frac{1}{z}\right) = \frac{z^2+1}{2z}, \sin\theta = \frac{z^2-1}{2\mathrm{i}z}, \mathrm{d}\theta = -\frac{\mathrm{i}}{z}\mathrm{d}z$$

则

$$\int_{0}^{2\pi} f(\cos\theta,\sin\theta)\mathrm{d}\theta = \int_{\Gamma} R(z)\mathrm{d}z = 2\pi\mathrm{i}\sum_{k=1}^{n} \mathrm{Res}[R(z),a_k]$$

其中 Γ 是单位圆周 $|z|=1$,$R(z)$ 是有理函数,$R(z)$ 在 Γ 内仅有有限个奇点 $a_k(k=1,2,\cdots,n)$.

❽ 设 $f(z)$ 在上半圆周 C_R:$|z|=R,0\leqslant\theta=\arg z\leqslant\pi$ 上连续(对于充分大的 R 都如此),若一致地有

$$\lim_{z\to\infty} zf(z) = 0$$

则

$$\lim_{R\to\infty} \int_{C_R} f(z)\mathrm{d}z = 0$$

证 由假设知,对任给的 $\varepsilon>0$,存在只与 ε 有关而与 θ 无关的 $R_0>0$,当 $R>R_0$ 时,对任何 $\theta\in[0,\pi]$ 有

$$\left|R\mathrm{e}^{\mathrm{i}\theta}f(R\mathrm{e}^{\mathrm{i}\theta})\right| < \frac{\varepsilon}{\pi}$$

故当 $R>R_0$ 时

$$\left|\int_{C_R} f(z)\mathrm{d}z\right| = \left|\int_{0}^{\pi} f(R\mathrm{e}^{\mathrm{i}\theta})R\mathrm{e}^{\mathrm{i}\theta}\cdot\mathrm{i}\,\mathrm{d}\theta\right| <$$

$$\frac{\varepsilon}{\pi} \cdot \left| \int_0^\pi \mathrm{i}\mathrm{d}\theta \right| = \mathrm{i}\varepsilon$$

证毕.

❾　设 $f(z)$ 在上半圆周 $C_R : |z| = R, 0 \leqslant \theta = \arg z \leqslant \pi$ 上连续（对于充分大的 R 都如此），若一致地有

$$\lim_{z \to \infty} f(z) = 0$$

且当 $m > 0$ 时，有

$$\lim_{R \to \infty} \int_{C_R} f(z) \mathrm{e}^{imz} \mathrm{d}z = 0$$

证法 1　由假设知，对任给的 $\varepsilon > 0$，存在 $R_0 > 0$，当 $R > R_0$ 时，对任何 $\theta \in [0, \pi]$ 都有

$$|f(R\mathrm{e}^{i\theta})| < \varepsilon$$

因而有

$$\left| \int_{C_R} f(z) \mathrm{e}^{imz} \mathrm{d}z \right| = \left| \int_0^\pi f(R\mathrm{e}^{i\theta}) \mathrm{e}^{imR\mathrm{e}^{i\theta}} \cdot R\mathrm{e}^{i\theta} \cdot \mathrm{i}\mathrm{d}\theta \right| <$$

$$\varepsilon R \int_0^\pi |\mathrm{e}^{im(R\cos\theta + iR\sin\theta)}| \, \mathrm{d}\theta =$$

$$\varepsilon R \int_0^\pi \mathrm{e}^{-mR\sin\theta} \mathrm{d}\theta =$$

$$2\varepsilon R \int_0^{\frac{\pi}{2}} \mathrm{e}^{-mR\sin\theta} \mathrm{d}\theta \leqslant$$

$$2\varepsilon R \int_0^{\frac{\pi}{2}} \mathrm{e}^{-mR \cdot \frac{2}{\pi}\theta} \mathrm{d}\theta =$$

$$2\varepsilon R \left[-\frac{\mathrm{e}^{-mR \cdot \frac{2}{\pi}\theta}}{mR \cdot \frac{2}{\pi}} \right] \Bigg|_0^{\frac{\pi}{2}} =$$

$$\frac{\varepsilon\pi}{m}(1 - \mathrm{e}^{-mR}) < \varepsilon\frac{\pi}{m}$$

因为 ε 可任意小，这就证明了 $\lim\limits_{R \to \infty} \int_{C_R} f(z) \mathrm{e}^{imz} \mathrm{d}z = 0$. 证毕.

注　以上证明中用到了约当(Jordan)不等式，即当 $0 \leqslant \theta \leqslant \dfrac{\pi}{2}$ 时有

$$\sin\theta \geqslant \frac{2}{\pi}\theta$$

为了证明这一不等式，我们只要证明函数 $g(\theta) = \dfrac{\sin\theta}{\theta}$ 在区间 $(0, \dfrac{\pi}{2})$ 上单调下

降就够了. 事实上, 如果这样, 又因 $g(\theta)$ 在点 $\theta = \frac{\pi}{2}$ 连续, 故有 $g(\theta) = \frac{\sin\theta}{\theta} \geqslant$

$g\left(\frac{\pi}{2}\right) = \frac{2}{\pi}$, 即得 $\sin\theta \geqslant \frac{2}{\pi}\theta$. 下证 $g(\theta)$ 于 $\left(0, \frac{\pi}{2}\right)$ 单调下降, 由微分公式可知

$$g'(\theta) = \frac{\theta\cos\theta - \sin\theta}{\theta^2} = \frac{\cos\theta(\theta - \tan\theta)}{\theta^2} < 0 \qquad \left(\theta \in \left(0, \frac{\pi}{2}\right)\right)$$

故知 $g(\theta)$ 于 $\left(0, \frac{\pi}{2}\right)$ 单调下降.

证法 2 令 $z = x + iy = re^{i\phi}$, $M_n = \max\limits_{C_n} |g(z)|$, $\alpha_n = \arcsin\frac{a}{R_n}$ (图 7), 则由假设知, 当 $n \to \infty$ 时, $M_n \to 0$, $\alpha_n \to 0$, 且 $\alpha_n R_n \to a$. 设 $a > 0$, 则在 $\overgroup{AB}$ 与 $\overgroup{CD}$ 上有

$$|e^{i\lambda z}| = e^{-\lambda y} \leqslant e^{a\lambda}$$

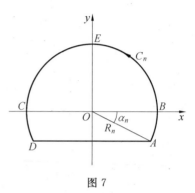

图 7

因此

$$\left|\int_{\overgroup{AB}, \overgroup{CD}} g(z)e^{i\lambda z}dz\right| \leqslant M_n e^{a\lambda}\alpha_n R_n$$

因而当 $n \to \infty$ 时, 沿这些弧上的积分趋于 0.

另一方面, 由于当 $0 \leqslant \phi \leqslant \frac{\pi}{2}$ 时, $1 \geqslant \frac{\sin\phi}{\phi} \geqslant \frac{2}{\pi}$ (实际上, 令 $t = \frac{\sin\phi}{\phi}$, 则

$\frac{dt}{d\phi} = \frac{\phi\cos\phi - \sin\phi}{\phi^2}$. 当 $0 \leqslant \phi \leqslant \frac{\pi}{2}$ 时, 由于 $\frac{d}{d\theta}(\phi\cos\phi - \sin\phi) = -\phi\sin\phi \leqslant$

0, 故 $\phi\cos\phi - \sin\phi$ 由 0 起单调递减, 从而 $\frac{dt}{d\phi} \leqslant 0$, 于是 t 单调递减; 当 $\phi = 1$ 时值为 1).

因而在 $\overgroup{BE}$ 上

$$|e^{i\lambda z}| = e^{-\lambda R_n\sin\phi} \leqslant e^{-\frac{2\lambda R_n}{\pi}\phi}$$

所以

$$\left|\int_{\overgroup{BE}}\right| \leqslant M_n R_n \int_0^{\frac{\pi}{2}} e^{-\frac{2\lambda R_n}{\pi}\phi}d\phi =$$
$$M_n \frac{\pi}{2\lambda}(1 - e^{-\lambda R_n})$$

因而当 $n \to \infty$ 时, $\int_{\overgroup{BE}}$ 也趋于 0.

若在 $\overgroup{CE}$ 上自射线 CO 计算极点, 则对于 $\left|\int_{\overgroup{CE}}\right|$ 可得到同样的估计, 因此命

题得证.在 $a \leqslant 0$ 时证明仍有效,且对沿 $\overset{\frown}{AB},\overset{\frown}{CD}$ 的积分的估计没有了.

❿ 设 $f(x) = \dfrac{Q(x)}{P(x)}$,又

$$Q(x) = a_0 x^m + a_1 x^{m-1} + \cdots + a_m \quad (a_0 \neq 0)$$
$$P(x) = b_0 x^n + b_1 x^{n-1} + \cdots + b_n \quad (b_0 \neq 0)$$

且 $n-m \geqslant 2$,$P(x)$ 与 $Q(x)$ 互质,并在实轴上 $P(x) \neq 0$.记 $f(z) = \dfrac{Q(z)}{P(z)}$ 在上半平面的奇点(即 $P(z)$ 在上半平面的零点)为 $z_1, z_2, \cdots, z_n$,则

$$\int_{-\infty}^{+\infty} f(x)\mathrm{d}x = 2\pi\mathrm{i} \sum_{k=1}^{n} \mathrm{Res}[f(z), z_k]$$

　　证　作 $C = C_R + \Delta_R$,其中 C_R 是上半圆周 $|Z| = R, 0 \leqslant \theta = \arg z \leqslant \pi$,$\Delta_R = [-R, R]$.由假设知,$f(z) = \dfrac{Q(z)}{P(z)}$ 在实轴上解析(因而连续),且当 R 充分大(例如,R 大于 $R_0 = \max(|z_1|, |z_2|, \cdots, |z_n|)$)时,$f(z)$ 在 C_R 上亦连续.又因 $n-m \geqslant 2$,故

$$zf(z) = \frac{zQ(z)}{P(z)} \to 0 \quad (z \to \infty)$$

因此由 8 题知

$$\lim_{R \to \infty} \int_{C_R} f(z)\mathrm{d}z = 0$$

由留数基本定理(只要 R 充分大)有

$$\int_C f(z)\mathrm{d}z = 2\pi\mathrm{i} \sum_{k=1}^{n} \mathrm{Res}(f, z_k) \tag{1}$$

然而

$$\lim_{z \to \infty} \int_C f(z)\mathrm{d}z = \lim_{R \to \infty} \left[\int_{C_R} f(z)\mathrm{d}z + \int_{-R}^{+R} f(x)\mathrm{d}x\right] =$$
$$\lim_{R \to \infty} \int_{C_R} f(x)\mathrm{d}z + \lim_{R \to \infty} \int_{-R}^{+R} f(x)\mathrm{d}x =$$
$$\int_{-\infty}^{+\infty} f(x)\mathrm{d}x \tag{2}$$

联系式(1)和式(2)即得所要证明的等式.证毕.

⓫ 求 $I = \displaystyle\int_0^{+\infty} \frac{\cos x}{x^2 + b^2}\mathrm{d}x, b > 0$.

解 作辅助函数 $f(z) = \dfrac{e^{iz}}{z^2 + a^2}$.

因 $g(z) = \dfrac{1}{z^2 + b^2}$ 在 C_R(图 8) 上满足

$|g(z)| < \dfrac{1}{R^2 - b^2}(R > b)$, 故 $g(z)$ 一致趋

于 0, 因而由约当引理知, 当 $R \to \infty$ 时

$$\int_{C_R} f(z)\mathrm{d}z \to 0 \quad (R > b)$$

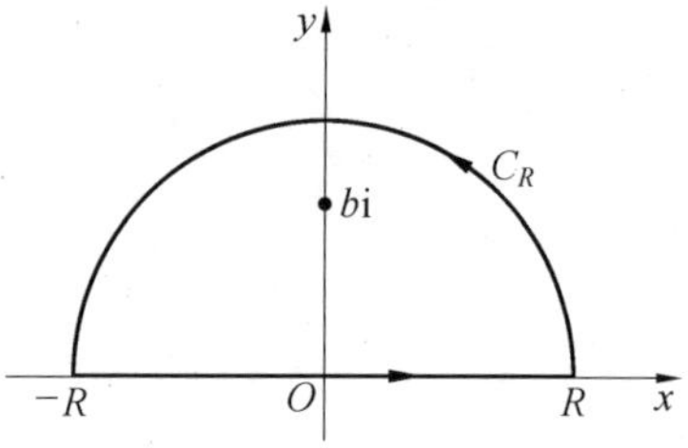

故由留数定理

$$\int_{-R}^{R} \frac{e^{iz}}{x^2 + b^2}\mathrm{d}x + \int_{C_R} = 2\pi i \frac{e^{-b}}{2bi}$$

其中 $\dfrac{e^{-b}}{2bi} = \operatorname{Res}(f, bi)$. 所以令 $R \to \infty$, 得

$$\int_{-\infty}^{+\infty} \frac{e^{ix}\mathrm{d}x}{x^2 + b^2} = \frac{\pi}{be^b}$$

或

$$\int_{-\infty}^{+\infty} \frac{\cos x}{x^2 + b^2}\mathrm{d}x = \operatorname{Re}\left[2\pi i\left(\frac{e^{-b}}{2bi}\right)\right] = \frac{\pi e^{-b}}{b}$$

由于 $\dfrac{\cos x}{x^2 + b^2}$ 为偶函数, 故 $\displaystyle\int_{0}^{\infty} \frac{\cos x}{x^2 + b^2}\mathrm{d}x = \frac{\pi e^{-b}}{2b}$.

图 8

⓬ 求 $I = \displaystyle\int_{-\infty}^{+\infty} \frac{\cos x\mathrm{d}x}{1 + x^4}$.

解 设 $F(z) = \dfrac{e^{iz}}{1 + z^4}$, 而 $f(z) = \dfrac{1}{1 + z^4}$, 分母的次数高于分子的次数, 又

$F(z)$ 在上半平面的极点为

$$z_1 = e^{\frac{\pi i}{4}}, z_2 = e^{\frac{3\pi i}{4}}$$

均为一阶, 而

$$\operatorname{Res}(F, z_1) = -\frac{\pi i}{2\sqrt{2}}e^{-\frac{\sqrt{2}}{2}}\left(\cos\frac{\sqrt{2}}{2} + i\sin\frac{\sqrt{2}}{2}\right)(1 + i)$$

$$\operatorname{Res}(F, z_2) = \frac{\pi i}{2\sqrt{2}}e^{-\frac{\sqrt{2}}{2}}\left(\cos\frac{\sqrt{2}}{2} - i\sin\frac{\sqrt{2}}{2}\right)(1 - i)$$

所以

$$I = \int_{-\infty}^{+\infty} \frac{\cos x}{1 + x^4}\mathrm{d}x = \operatorname{Re}[2\pi i(\operatorname{Res}(F, z_1) + \operatorname{Res}(F, z_2))] =$$

$$\frac{\sqrt{2}}{2}\pi e^{-\frac{\sqrt{2}}{2}}\left(\cos\frac{\sqrt{2}}{2}+\sin\frac{\sqrt{2}}{2}\right)$$

⓭ 求 $I=\displaystyle\int_{-\infty}^{+\infty}\frac{\cos x\,\mathrm{d}x}{(1+x^2)(x^2+9)}$.

解　令 $F(z)=\dfrac{e^{iz}}{(z^2+1)(z^2+9)}$,而

$$f(z)=\frac{1}{(z^2+1)(z^2+9)}$$

分母的次数高于分子的次数,$F(z)$ 在上半平面的简单极点为 $z_1=i,z_2=3i$,而

$$\mathrm{Res}(F,z_1)=\frac{1}{16\mathrm{i}e}$$

$$\mathrm{Res}(F,z_2)=-\frac{1}{48\mathrm{i}e^3}$$

所以

$$I=\int_{-\infty}^{+\infty}\frac{\cos x\,\mathrm{d}x}{(x^2+1)(x^2+9)}=\mathrm{Re}\big[2\pi\mathrm{i}(\mathrm{Res}(F,z_1)+\mathrm{Res}(F,z_2))\big]=$$

$$\frac{\pi}{24e^3}(3e^2-1)$$

⓮ 求 $\displaystyle\int_{-\infty}^{+\infty}\frac{\mathrm{d}x}{(x^2+1)^{n+1}}$.

解　令 $Q(x)\equiv1,P(x)=(x^2+1)^{n+1}$,则据第 10 题有

$$\int_{-\infty}^{+\infty}\frac{\mathrm{d}x}{(x^2+1)^{n+1}}=2\pi\mathrm{i}\mathrm{Res}\left[\frac{1}{(z^2+1)^{n+1}},i\right]=$$

$$2\pi\mathrm{i}\,\frac{1}{n!}\left[\frac{\mathrm{d}^n}{\mathrm{d}z^n}\left(\frac{1}{z+i}\right)^{n+1}\right]\bigg|_{z=i}=$$

$$2\pi\mathrm{i}\cdot\frac{(-1)^n}{n!}\cdot\frac{(n+1)(n+2)\cdots(2n)}{(2i)^{2n+1}}=$$

$$\frac{(n+1)(n+2)\cdots(2n)}{n!\,\cdot\,2^{2n}}\pi=$$

$$\frac{(2n-1)!!}{(2n)!!}\pi$$

在下面的 15～17 题中,求积分.在广义积分发散时,求出积分的主值(若存在),以后所有的积分计算,均如此要求.

⓯ 求 $\int_0^{2\pi} \dfrac{\mathrm{d}\varphi}{(a+b\cos\varphi)^2}, a>b>0.$

解 令 $z=\mathrm{e}^{\mathrm{i}\varphi}, \cos\varphi=\dfrac{z^2+1}{2z}, \mathrm{d}\varphi=-\dfrac{\mathrm{i}\mathrm{d}z}{z},$ 区间 $[0,2\pi]$ 变为 $\Gamma: |z|=1,$

所以

$$\int_0^{2\pi} \frac{\mathrm{d}\varphi}{(a+b\cos\varphi)^2} = \int_\Gamma \frac{-\mathrm{i}z\mathrm{d}z}{\left[az+\dfrac{b(z^2+1)}{2}\right]^2} = \int_\Gamma \frac{-4\mathrm{i}z\mathrm{d}z}{(bz^2+2az+b)^2}$$

被积函数 $f(z)$ 有两个二阶极点, $z_k = -\dfrac{a\pm\sqrt{a^2+b^2}}{b}, k=1,2.$ 由于 $0>$

$-a+\sqrt{a^2-b^2}>-a+(a-b)=-b,$ 所以只有 $z_1=\dfrac{-a+\sqrt{a^2-b^2}}{b}$ 在

$|z|=1$ 内,而

$$\mathrm{Res}\left[\frac{-4\mathrm{i}z}{(bz^2+2az+b)^2}, z_1\right] = \lim_{z\to z_1}\left[\frac{-4\mathrm{i}z}{b^2(z-z_2)^2}\right]' =$$

$$\frac{4\mathrm{i}(z_1+z_2)}{b^2(z_1-z_2)^3} = \frac{-\mathrm{i}a}{(a^2-b^2)^{\frac{3}{2}}}$$

由留数定理知

$$\int_0^{2\pi} \frac{\mathrm{d}\varphi}{(a+b\cos\varphi)^2} = \frac{2\pi a}{(a^2-b^2)^{\frac{3}{2}}}$$

⓰ 求 $\int_0^{2\pi} \dfrac{\sin^2\varphi\mathrm{d}\varphi}{a+b\cos\varphi}, a>b>0.$

解 令 $z=\mathrm{e}^{\mathrm{i}\varphi}, \sin^2\varphi=\left(\dfrac{z^2-1}{2\mathrm{i}z}\right)^2,$ 于是类似上题可得

$$\int_0^{2\pi} \frac{\sin^2\varphi\mathrm{d}\varphi}{a+b\cos\varphi} = \int_\Gamma \frac{\mathrm{i}(z^2-1)^2\mathrm{d}z}{2(bz^2+2az+b)z^2}$$

显然被积函数 $f(z)$ 有两个简单极点 $z_k=\dfrac{-a\pm\sqrt{a^2-b^2}}{b}, k=1,2,$ 还有一个

二阶极点 $z_0=0, z_0$ 与 $z_1=\dfrac{-a+\sqrt{a^2-b^2}}{b}$ 在单位圆内. 由于

$$\mathrm{Res}[f(z),0] = \lim_{z\to 0}\frac{\mathrm{i}}{2}\left[\frac{(z^2-1)^2}{bz^2+2az+b}\right]' = -\frac{\mathrm{i}a}{b^2}$$

$$\mathrm{Res}[f(z),z_1] = \frac{\mathrm{i}}{2}\cdot\frac{(z^2-1)^2}{b(z-z_2)z^2}\bigg|_{z=z_1} =$$

$$\frac{\mathrm{i}}{2}(z_1-z_2) = \frac{\mathrm{i}\sqrt{a^2-b^2}}{b^2}$$

这里用到 $z_1 z_2 = 1, \dfrac{1}{z_1} = z_2$，由留数定理知

$$\int_0^{2\pi} \frac{\sin^2 \varphi \mathrm{d}\varphi}{a + b\cos \varphi} = 2\pi\mathrm{i}\left(-\frac{\mathrm{i}a}{b^2} + \frac{\mathrm{i}\sqrt{a^2 - b^2}}{b^2}\right) =$$

$$\frac{2\pi(a - \sqrt{a^2 - b^2})}{b^2}$$

⑰ 求 $\displaystyle\int_0^{2\pi} \frac{\mathrm{d}\varphi}{1 - 2a\cos \varphi + a^2}$，$a$ 为复数且 $a \neq \pm 1$.

解　令 $z = \mathrm{e}^{\mathrm{i}\varphi}, 1 - 2a\cos \varphi + a^2 = (1 + a^2) - a(z + z^{-1})$，则

$$\int_0^{2\pi} \frac{\mathrm{d}\varphi}{1 - 2a\cos \varphi + a^2} = \int_\Gamma \frac{\mathrm{i}\mathrm{d}z}{az^2 - (1 + a^2)z + a}$$

被积函数 $f(z)$ 有两个单极点

$$z_k = \frac{(1 + a^2) \pm (1 - a^2)}{2a} \quad (k = 1, 2)$$

即

$$z_1 = \frac{1}{a}, z_2 = a$$

(1) 若 $|a| < 1$，则

$$\text{Res}[f(z), a] = \lim_{z \to a} \frac{\mathrm{i}}{a\left(z - \dfrac{1}{a}\right)} = \frac{\mathrm{i}}{a^2 - 1}$$

所以

$$原积分 = 2\pi\mathrm{i} \cdot \frac{\mathrm{i}}{a^2 - 1} = \frac{2\pi}{1 - a^2}$$

(2) 若 $|a| > 1$，这时 $z_1 = \dfrac{1}{a}$ 在 $|z| = 1$ 的内部，故

$$\text{Res}\left[f(z), \frac{1}{a}\right] = \lim_{z \to \frac{1}{a}} \frac{\mathrm{i}}{a(z - a)} = \frac{\mathrm{i}}{1 - a^2}$$

所以

$$原积分 = \frac{2\pi}{a^2 - 1}$$

(3) 若 $|a| = 1$，但 $a \neq \pm 1$，令 $a = \mathrm{e}^{\mathrm{i}\theta}, 0 < \theta < 2\pi, \theta \neq \pi$.

$$1 - 2a\cos \varphi + a^2 = 1 - 2(\cos \theta + \mathrm{i}\sin \theta)\cos \varphi + (\cos 2\theta + \mathrm{i}\sin 2\theta) =$$
$$2(\cos \theta + \mathrm{i}\sin \theta)(\cos \theta - \cos \varphi) =$$
$$2a(\cos \theta - \cos \varphi)$$

所以

$$\int_0^{2\pi} \frac{d\varphi}{1-2a\cos\varphi+a^2} = \frac{1}{2a}\int_0^{2\pi} \frac{d\varphi}{\cos\theta-\cos\varphi} =$$

$$\frac{1}{4a}\int_0^{2\pi} \frac{d\varphi}{\sin\dfrac{\varphi+\theta}{2}\sin\dfrac{\varphi-\theta}{2}}$$

这是瑕积分，显然 $\varphi=\theta$ 与 $\varphi=2\pi-\theta$ 是瑕点，主值为

$$\frac{1}{4a}\lim_{\varepsilon\to0}\left[\int_0^{\theta-\varepsilon} \frac{d\varphi}{\sin\dfrac{\varphi+\theta}{2}\sin\dfrac{\varphi-\theta}{2}} + \int_{\theta+\varepsilon}^{2\pi-\theta-\varepsilon} + \int_{2\pi-\theta+\varepsilon}^{2\pi}\right] =$$

$$\frac{1}{4a}\lim_{\varepsilon\to0}\left[\int_{\theta+\varepsilon}^{2\pi-\theta-\varepsilon} \frac{d\varphi}{\sin\dfrac{\varphi+\theta}{2}\sin\dfrac{\varphi-\theta}{2}} +\right.$$

$$\left. 2\int_0^{\theta-\varepsilon} \frac{d\varphi}{\sin\dfrac{\varphi+\theta}{2}\sin\dfrac{\varphi-\theta}{2}}\right]$$

而

$$\int \frac{d\varphi}{\sin\dfrac{\varphi+\theta}{2}\sin\dfrac{\varphi-\theta}{2}} =$$

$$\frac{2}{\sin\theta}\left(\int \frac{d\sin\dfrac{\varphi-\theta}{2}}{\sin\dfrac{\varphi-\theta}{2}} - \int \frac{d\sin\dfrac{\varphi+\theta}{2}}{\sin\dfrac{\varphi+\theta}{2}}\right) =$$

$$\frac{2}{\sin\theta}\ln\left|\frac{\sin\dfrac{\varphi-\theta}{2}}{\sin\dfrac{\varphi+\theta}{2}}\right| + c$$

所以主值为

$$\frac{1}{4a}\lim_{\varepsilon\to0}\frac{2}{\sin\theta}\left[\ln\left|\frac{\sin\dfrac{\varphi-\theta}{2}}{\sin\dfrac{\varphi+\theta}{2}}\right|\Bigg|_{\theta+\varepsilon}^{2\pi-\theta-\varepsilon} +\right.$$

$$\left. 2\ln\left|\frac{\sin\dfrac{\varphi-\theta}{2}}{\sin\dfrac{\varphi+\theta}{2}}\right|\Bigg|_0^{\theta-\varepsilon}\right] = 0$$

⓲ 证明 $\displaystyle\int_0^\pi \frac{a\,d\theta}{a^2+\sin^2\theta} = \frac{\pi}{\sqrt{1+a^2}}, a>0.$

证　因为 $\cos 2\theta = 1 - 2\sin^2\theta$，所以

$$\sin^2\theta = \frac{1 - \cos 2\theta}{2}$$

故

$$\int_0^\pi \frac{a\,\mathrm{d}\theta}{a^2 + \sin^2\theta} = \int_0^\pi \frac{2a\,\mathrm{d}\theta}{1 + 2a^2 - \cos 2\theta} =$$

$$\int_0^{2\pi} \frac{a\,\mathrm{d}\varphi}{1 + 2a^2 - \cos\varphi}$$

令 $z = \mathrm{e}^{\mathrm{i}\varphi}$，将 $[0, 2\pi]$ 变为 Γ：$|z| = 1$，于是

$$\frac{a}{1 + 2a^2 - \cos\varphi} = \frac{-2az}{z^2 - 2(1 + 2a^2)z + 1}$$

所以

$$\int_0^{2\pi} \frac{a\,\mathrm{d}\varphi}{1 + 2a^2 - \cos\varphi} = \int_\Gamma \frac{2a\mathrm{i}\,\mathrm{d}z}{z^2 - 2(1 + 2a^2)z + 1} =$$

$$2a\mathrm{i}\int_\Gamma f(z)\,\mathrm{d}z$$

被积函数 $f(z)$ 有两个单极点 $z_k (k = 1, 2)$

$$z_k = (1 + 2a^2) \pm 2a\sqrt{1 + a^2}$$

但在 $|z| = 1$ 的内部仅有一个单极点 $z_1 = 1 + 2a^2 - 2a\sqrt{1 + a^2}$.

而

$$\mathrm{Res}[f(z), z_1] = \frac{-1}{4a\sqrt{1 + a^2}}$$

所以

$$原积分 = \frac{\pi}{\sqrt{1 + a^2}}$$

注　解此题的关键是将积分区间化为 $[0, 2\pi]$，这样便符合上述类型，故先考虑

$$\cos 2\theta = 1 - 2\sin^2\theta$$

❶❾ 求 $\displaystyle\int_0^{2\pi} \cot\left(\frac{\varphi - a - \mathrm{i}b}{2}\right)\mathrm{d}\varphi$.

解　因为

$$\cot\left(\frac{\varphi - a - \mathrm{i}b}{2}\right) = \mathrm{i}\,\frac{\mathrm{e}^{\mathrm{i}\varphi} + \mathrm{e}^{-b+\mathrm{i}a}}{\mathrm{e}^{\mathrm{i}\varphi} - \mathrm{e}^{-b+\mathrm{i}a}}$$

令 $z = \mathrm{e}^{\mathrm{i}\varphi}$，将 $[0, 2\pi]$ 变为 Γ：$|z| = 1$，所以

$$\int_0^{2\pi} \cot\left(\frac{\varphi - a - \mathrm{i}b}{2}\right) \mathrm{d}\varphi = \int_\Gamma \frac{z + \mathrm{e}^{-b+\mathrm{i}a}}{z(z - \mathrm{e}^{-b+\mathrm{i}a})} \mathrm{d}z$$

被积函数 $f(z)$ 有两个单极点 $z_1 = 0, z_2 = \mathrm{e}^{-b+\mathrm{i}a}$, 而

$$\mathrm{Res}[f(z), 0] = -1$$
$$\mathrm{Res}[f(z), \mathrm{e}^{-b+\mathrm{i}a}] = 2$$

(1) 若 $b > 0$, 则 $|z_2| = \mathrm{e}^{-b} < 1$, 即 z_2 也在 $|z| < 1$ 内.

故

$$\int_0^{2\pi} \cot\left(\frac{\varphi - a - \mathrm{i}b}{2}\right) \mathrm{d}\varphi = 2\pi\mathrm{i}(2-1) = 2\pi\mathrm{i}$$

(2) 若 $b < 0$, 则 z_2 在 $|z| < 1$ 之外, 故

$$原积分 = -2\pi\mathrm{i}$$

(3) 若 $b = 0$, 则 $z_2 = \mathrm{e}^{\mathrm{i}a}$ 在 $|z| = 1$ 上, 所给积分无意义, 故 $b \neq 0$.

❷⓿ 求 $\int_0^{2\pi} \mathrm{e}^{\cos\varphi} \cos(n\varphi - \sin\varphi) \mathrm{d}\varphi$, n 为整数.

解 考虑积分 $-\mathrm{i}\int_\Gamma \frac{\mathrm{e}^z}{z^{n+1}} \mathrm{d}z$, 其中 $\Gamma: |z| = 1, z = \mathrm{e}^{\mathrm{i}\varphi}$.

$$-\mathrm{i}\int_\Gamma \frac{\mathrm{e}^z}{z^{n+1}} \mathrm{d}z = -\mathrm{i}\int_0^{2\pi} \frac{\mathrm{e}^{(\cos\varphi + \mathrm{i}\sin\varphi)}}{\mathrm{e}^{\mathrm{i}(n+1)\varphi}} \mathrm{i}\mathrm{e}^{\mathrm{i}\varphi} \mathrm{d}\varphi =$$

$$\int_0^{2\pi} \mathrm{e}^{\cos\varphi} \cos(n\varphi - \sin\varphi) \mathrm{d}\varphi +$$

$$\mathrm{i}\int_0^{2\pi} \mathrm{e}^{\cos\varphi} \sin(\sin\varphi - n\varphi) \mathrm{d}\varphi$$

因为

$$\frac{\mathrm{e}^z}{z^{n+1}} = \sum_{k=0}^{\infty} \frac{z^{k-n-1}}{k!}$$

而

$$-\mathrm{i}\int_\Gamma \frac{\mathrm{e}^z}{z^{n+1}} \mathrm{d}z = 2\pi\mathrm{i}\mathrm{Res}\left(\frac{\mathrm{i}\mathrm{e}^z}{z^{n+1}}, 0\right)$$

当 $n \geqslant 0$ 时, 由 $k - n - 1 = -1$, 得 $k = n$, 此时

$$\mathrm{Res}\left(\frac{\mathrm{i}\mathrm{e}^z}{z^{n+1}}, 0\right) = -\frac{\mathrm{i}}{n!}$$

当 $n < 0$ 时, $k - n - 1 \geqslant 0$

$$\mathrm{Res}\left(\frac{\mathrm{i}\mathrm{e}^z}{z^{n+1}}, 0\right) = 0$$

于是, 当 $n \geqslant 0$ 时

$$-\mathrm{i}\int_r \frac{\mathrm{e}^z}{z^{n+1}}\mathrm{d}z = \frac{2\pi}{n!}$$

因而

$$\int_0^{2\pi} \mathrm{e}^{\cos\varphi}\cos(n\varphi-\sin\varphi)\mathrm{d}\varphi = \frac{2\pi}{n!}$$

当 $n < 0$ 时

$$-\mathrm{i}\int_r \frac{\mathrm{e}^z}{z^{n+1}}\mathrm{d}z = 0$$

而

$$\int_0^{2\pi} \mathrm{e}^{\cos\varphi}\cos(n\varphi-\sin\varphi)\mathrm{d}\varphi = 0$$

注　由此得到 $\int_0^{2\pi} \mathrm{e}^{\cos\varphi}\sin(\sin\varphi-n\varphi)\mathrm{d}\varphi = 0$，$n$ 为整数.

❷❶ 求 $\int_0^\pi \tan(x+\mathrm{i}a)\mathrm{d}x$，$a$ 为实数.

解　令 $y = \pi + x$，由 $\tan(\pi+\alpha) = \tan\alpha$，知

$$\int_\pi^{2\pi} \tan(y+\mathrm{i}a)\mathrm{d}y = \int_0^\pi \tan(x+\mathrm{i}a)\mathrm{d}x$$

所以

$$I = \int_0^\pi \tan(x+\mathrm{i}a)\mathrm{d}x = \frac{1}{2}\int_0^{2\pi} \tan(x+\mathrm{i}a)\mathrm{d}x$$

又

$$\tan(x+\mathrm{i}a) = \frac{1}{\mathrm{i}}\cdot\frac{\mathrm{e}^{\mathrm{i}(x+\mathrm{i}a)}-\mathrm{e}^{-\mathrm{i}(x+\mathrm{i}a)}}{\mathrm{e}^{\mathrm{i}(x+\mathrm{i}a)}+\mathrm{e}^{-\mathrm{i}(x+\mathrm{i}a)}}$$

令 $\mathrm{e}^{\mathrm{i}(x+\mathrm{i}a)} = z$，$\mathrm{d}x = -\dfrac{\mathrm{i}\mathrm{d}z}{z}$，则

$$I = \frac{1}{2}\int_0^{2\pi} \tan(x+\mathrm{i}a)\mathrm{d}x = -\frac{1}{2}\int_C \frac{(z^2-1)}{(z^2+1)z}\mathrm{d}z \quad (C\text{：}|z| = \mathrm{e}^{-a})$$

(1) 当 $a > 0$ 时，被积函数 $f(z) = \dfrac{z^2-1}{(z^2+1)z}$ 在 C 内部只有一个单极点 $z = 0$，而

$$\mathrm{Res}[f(z),0] = -1$$

所以

$$I = -\frac{1}{2}\times 2\pi\mathrm{i}\times(-1) = \pi\mathrm{i}$$

(2) 当 $a < 0$ 时，$f(z)$ 在 C 内部有三个单极点 $z = 0$ 与 $z = \pm\mathrm{i}$，而

$$\text{Res}[f(z),\text{i}]=1,\text{Res}[f(z),-\text{i}]=1$$

所以

$$I=-\pi\text{i}$$

(3) 当 $a=0$ 时

$$\int_0^\pi \tan(x+\text{i}a)\,\text{d}x=\int_0^\pi \tan x\,\text{d}x$$

这是广义积分,其主值为

$$\lim_{\varepsilon\to 0}\left[\int_0^{\frac{\pi}{2}-\varepsilon}\tan x\,\text{d}x+\int_{\frac{\pi}{2}+\varepsilon}^\pi \tan x\,\text{d}x\right]=\lim_{\varepsilon\to 0}\ln\left|\frac{\cos\left(\frac{\pi}{2}+\varepsilon\right)}{\cos\left(\frac{\pi}{2}-\varepsilon\right)}\right|=0$$

所以

$$\int_0^\pi \tan(x+\text{i}a)\,\text{d}x=\pi\text{isgn}\,a \quad (a\neq 0)$$

当 $a=0$ 时,积分主值为 0.

计算形如 $\int_{-\infty}^{+\infty} R(x)\,\text{d}x$ 的积分,首先要检验 $z=\infty$ 应至少是有理函数 $R(z)$ 的二阶零点.

下面例 22 ～ 26 题中,计算无穷限的广义积分(被积函数 $f(z)$ 为有理函数).

㉒ 求 $\int_{-\infty}^{+\infty}\dfrac{x\text{d}x}{(x^2+4x+13)^2}$.

解 考虑积分

$$I=\int_\Gamma \frac{z\text{d}z}{(z^2+4z+13)^2}=\int_\Gamma f(z)\,\text{d}z$$

其中 Γ 为圆周 $|z|=R$ 的上半部分与实轴上的线段 $[-R,R]$ 所组成的闭路.

取 R 充分大,使 $f(z)$ 在上半平面的极点皆在 Γ 内. 函数 $f(z)$ 只有两个二阶极点 $z_k=-2\pm 3\text{i}(k=1,2)$,并且显然只有 $z_1=-2+3\text{i}$ 在 Γ 内.

由于

$$I=\int_\Gamma f(z)\,\text{d}z=\int_{-R}^R f(x)\,\text{d}x+\int_{\overset{\frown}{R,-R}} f(z)\,\text{d}z$$

又

$$\lim_{z\to\infty} zf(z)=\lim_{z\to\infty}\frac{z^2}{(z^2+4z+13)^2}=0$$

$$\lim_{R\to\infty}\int_{\overgroup{R,-R}} f(z)\mathrm{d}z=0$$

而

$$\int_{\Gamma} f(z)\mathrm{d}z=2\pi\mathrm{i}\mathrm{Res}[f(z),z_1]=$$

$$2\pi\mathrm{i}\lim_{z\to z_1}\left[\frac{z}{(z-z_2)^2}\right]'=$$

$$2\pi\mathrm{i}\frac{-(z_1+z_2)}{(z_1-z_2)^3}=-\frac{\pi}{27}$$

所以

$$\int_{-\infty}^{+\infty}\frac{x\mathrm{d}x}{(x^2+4x+13)^2}=\lim_{R\to\infty}\int_{-R}^{R} f(x)\mathrm{d}x=$$

$$\lim_{R\to\infty}\left[\int_{\Gamma} f(z)\mathrm{d}z-\int_{\overgroup{R,-R}} f(z)\mathrm{d}z\right]=-\frac{\pi}{27}$$

❷❸ 求 $\displaystyle\int_0^{\infty}\frac{\mathrm{d}x}{(x^2+1)^n}$，$n$ 为自然数.

解 考虑 $f(z)=\dfrac{1}{(z^2+1)^n}$，它除了一个 n 阶极点 $z=\mathrm{i}$ 外，在 $\mathrm{Im}\,z\geqslant0$ 解析，又 $z=\infty$ 是 $2n$ 阶零点，因此

$$\int_{-\infty}^{+\infty}\frac{\mathrm{d}x}{(x^2+1)^n}=2\pi\mathrm{i}\mathrm{Res}[f(z),\mathrm{i}]=\frac{2\pi\mathrm{i}}{(n-1)!}\lim_{z\to\mathrm{i}}\frac{\mathrm{d}^{(n-1)}}{\mathrm{d}z^{n-1}}\left[\frac{1}{(z+\mathrm{i})^n}\right]=$$

$$\frac{(2n-2)!}{\left[(n-1)!\right]^2}\frac{\pi}{2^{2n-2}}=\frac{(2n-3)!!}{(2n-2)!!}\pi\quad(n>1)$$

由于 $f(x)=\dfrac{1}{(x^2+1)^n}$ 是偶函数，所以

$$\int_{-\infty}^{+\infty} f(x)\mathrm{d}x=2\int_0^{\infty} f(x)\mathrm{d}x$$

故

$$\int_0^{\infty}\frac{\mathrm{d}x}{(x^2+1)^n}=\frac{(2n-3)!!}{(2n-2)!!}\cdot\frac{\pi}{2}\quad(n>1)$$

当 $n=1$ 时

$$\int_{-\infty}^{+\infty}\frac{\mathrm{d}x}{x^2+1}=2\pi\mathrm{i}\mathrm{Res}\left(\frac{1}{z^2+1},\mathrm{i}\right)=\pi$$

所以

$$\int_0^{\infty}\frac{\mathrm{d}x}{x^2+1}=\frac{\pi}{2}$$

❷❹ 求 $\displaystyle\int_0^\infty \frac{x^2+1}{x^4+1}\mathrm{d}x$.

解 因 $f(z)=\dfrac{z^2+1}{z^4+1}$ 有四个单极点 $z_k=\mathrm{e}^{\frac{(2k+1)\pi i}{4}}$ $(k=0,1,2,3)$,其中 $z_0=\mathrm{e}^{\frac{\pi i}{4}}$ 与 $z_1=\mathrm{e}^{\frac{3\pi i}{4}}$.在上半平面,除了 z_0 与 z_1 外,$f(z)$ 在 $\mathrm{Im}\,z \geqslant 0$ 解析,又 $z=\infty$ 是二阶零点,因此

$$\int_{-\infty}^{+\infty} \frac{x^2+1}{x^4+1}\mathrm{d}x=2\pi\mathrm{i}\{\mathrm{Res}[f(z),z_0]+\mathrm{Res}[f(z),z_1]\}$$

而

$$\mathrm{Res}[f(z),z_0]=\frac{1+\mathrm{i}}{2\sqrt{2}(-1+\mathrm{i})}=-\frac{\sqrt{2}}{4}\mathrm{i},\mathrm{Res}[f(z),z_1]=-\frac{\sqrt{2}}{4}\mathrm{i}$$

所以

$$\int_{-\infty}^{+\infty} \frac{x^2+1}{x^4+1}\mathrm{d}x=2\pi\mathrm{i}\left(-\frac{2\sqrt{2}}{4}\mathrm{i}\right)=\sqrt{2}\,\pi$$

又 $f(x)$ 为偶函数,故

$$\int_0^\infty \frac{x^2+1}{x^4+1}\mathrm{d}x=\frac{\sqrt{2}}{2}\pi$$

❷❺ 求 $\displaystyle\int_{-\infty}^{+\infty} \frac{\mathrm{d}x}{(x^2+a^2)^2(x^2+b^2)}$,其中 $a>0,b>0,a \neq b$.

解 令 $f(z)=\dfrac{1}{(z^2+a^2)^2(z^2+b^2)}$,它除了一个二阶极点 $a\mathrm{i}$ 与单极点 $b\mathrm{i}$ 外,在 $\mathrm{Im}\,z \geqslant 0$ 解析,于是

$$\int_{-\infty}^{+\infty} \frac{\mathrm{d}x}{(x^2+a^2)^2(x^2+b^2)}=2\pi\mathrm{i}\{\mathrm{Res}[f(z),a\mathrm{i}]+\mathrm{Res}[f(z),b\mathrm{i}]\}=$$

$$2\pi\mathrm{i}\left\{\lim_{z \to a\mathrm{i}} \frac{\mathrm{d}}{\mathrm{d}z}\left[\frac{(z-a\mathrm{i})^2}{(z^2+a^2)^2(z^2+b^2)}\right]+\right.$$

$$\left.\lim_{z \to b\mathrm{i}} \frac{z-b\mathrm{i}}{(z^2+a^2)^2(z^2+b^2)}\right\}=$$

$$2\pi\mathrm{i}\left[\frac{b^2-3a^2}{4a^3\mathrm{i}(b^2-a^2)^2}+\frac{1}{2b\mathrm{i}(b^2-a^2)^2}\right]=$$

$$\frac{\pi(2a+b)}{2a^3b(a+b)^2}$$

❷❻ 求 $\displaystyle\int_0^\infty \frac{x^{2p}-x^{2q}}{1-x^{2r}}\mathrm{d}x$,其中 p,q,r 为非负整数,且 $p<r,q<r$.

解　设 $f(z) = \dfrac{z^{2p} - z^{2q}}{1 - z^{2r}}$，则

$$z_k = e^{\frac{k\pi i}{r}} \quad (k = 1, 2, \cdots, r-1, r+1, \cdots, 2r-1)$$

为 $f(z)$ 的单极点. 因为 $f(z)$ 的分子与分母有公因子 $1 - z^2$，所以点 $z = \pm 1$ 不是 $f(z)$ 的极点. 若 $p - q$ 和 r 不互质，则上述形如 $e^{\frac{k\pi i}{r}}$ 的某些点也不是 $f(z)$ 的极点，所有这些单极点中，只有

$$z_k = e^{\frac{k\pi i}{r}} \quad (k = 1, 2, \cdots, r-1)$$

位于上半平面 $\mathrm{Im}\, z > 0$ 内，所以

$$\int_{-\infty}^{+\infty} f(x)\mathrm{d}x = 2\pi i \sum_{k=1}^{r-1} \mathrm{Res}[f(z), z_k] =$$

$$2\pi i \sum_{k=1}^{r-1} \frac{1}{2r} \left[e^{(2q+1)\frac{k\pi i}{r}} - e^{(2p+1)\frac{k\pi i}{r}} \right] =$$

$$\frac{\pi}{r} \left(\cot \frac{2p+1}{2r}\pi - \cot \frac{2q+1}{2r}\pi \right)$$

由于 $f(x)$ 是偶函数，所以

$$\int_0^\infty \frac{x^{2p} - x^{2q}}{1 - x^{2r}}\mathrm{d}x = \frac{\pi}{2r} \left(\cot \frac{2p+1}{2r}\pi - \cot \frac{2q+1}{2r}\pi \right)$$

特别地，若 $r = 2n, q = p + n \, (p < n)$，则上面的结果变为

$$\int_0^\infty \frac{x^{2p}}{1 + x^{2n}}\mathrm{d}x = \frac{\pi}{4n} \left(\cot \frac{2p+1}{4n}\pi - \cot \frac{2p+2n+1}{4n}\pi \right) =$$

$$\frac{\pi}{2n\sin \dfrac{2p+1}{2n}\pi}$$

㉗ 设 $R(x, y)$ 为 x, y 的有理函数，且在单位圆上无极点，则

$$\int_0^{2\pi} R(\cos\theta, \sin\theta)\mathrm{d}\theta = 2\pi i \sum (f(z) \text{ 在单位圆内的留数})$$

这里

$$f(z) = \frac{R\left[\dfrac{1}{2}\left(z + \dfrac{1}{z}\right), \dfrac{1}{2i}\left(z - \dfrac{1}{z}\right) \right]}{iz}$$

证　因 R 在单位圆 C 上无极点，f 亦然，故由留数定理

$$\int_C f(z)\mathrm{d}z = 2\pi i \sum (f \text{ 在 } C \text{ 内的留数})$$

因此

$$\int_0^{2\pi} R(\cos\theta,\sin\theta)\,\mathrm{d}\theta = \int_0^{2\pi} R\left(\frac{e^{i\theta}+e^{-i\theta}}{2},\frac{e^{i\theta}-e^{-i\theta}}{2i}\right)\frac{ie^{i\theta}}{ie^{i\theta}}\,\mathrm{d}\theta =$$

$$\int_0^{2\pi} f(e^{i\theta})ie^{i\theta}\,\mathrm{d}\theta = \int_C f(z)\,\mathrm{d}z$$

㉘ 求下列积分：

$(1)\,I=\displaystyle\int_0^{2\pi}\frac{\mathrm{d}\theta}{1+a^2-2a\cos\theta},a>0,a\neq 1;$

$(2)\,I=\displaystyle\int_0^{2\pi}\frac{\mathrm{d}x}{1-2p\cos x+p^2},0<p<1;$

$(3)\,I=\displaystyle\int_0^{2\pi}\frac{\mathrm{d}x}{(p+q\cos x)^2};$

$(4)\,I=\displaystyle\int_0^{\pi}\cot(x-a)\,\mathrm{d}x,a=\alpha+\beta i,\beta\neq 0.$

解 （1）有

$$I=\int_C\frac{\mathrm{d}z}{iz\left[1+a^2-\dfrac{2a}{2}\left(z+\dfrac{1}{z}\right)\right]}=$$

$$\int_C\frac{\mathrm{d}z}{i[-az^2+(1+a^2)z-a]}=$$

$$\int_C\frac{i\mathrm{d}z}{(z-a)(az-1)}$$

若 $a<1$，则被积函数在单位圆 C 内有极点 $z=a$，其留数是 $\dfrac{i}{a^2-1}$.

若 $a>1$，则被积函数在 C 内有极点 $z=\dfrac{1}{a}$，其留数是

$$\frac{i}{a\left(\dfrac{1}{a}-a\right)}=\frac{i}{1-a^2}$$

所以

$$I=\begin{cases}\dfrac{2\pi}{1-a^2} & (0<a<1)\\[3mm]\dfrac{2\pi}{a^2-1} & (a>1)\end{cases}$$

（2）有

$$I=\int_{|z|=1}\frac{\mathrm{d}z}{iz\left(1-pz-\dfrac{p}{z}+p^2\right)}=$$

$$\int_{|z|=1} \frac{\mathrm{i}\mathrm{d}z}{pz^2 - (p^2+1)z + p}$$

被积函数的极点取决于方程 $pz^2 - (p^2+1)z + p = 0$，由此 $z_1 = p, z_2 = \dfrac{1}{p}$，只有 z_1 在 $|z|=1$ 内，而

$$\mathrm{Res}(f, z_1) = \frac{1}{p^2 - 1}$$

所以

$$I = \frac{2\pi}{1 - p^2}$$

（3）有

$$I = \int_{|z|=1} \frac{\mathrm{d}z}{\mathrm{i}z\left[p + \dfrac{q}{2}\left(z + \dfrac{1}{z}\right)\right]^2} =$$

$$-\mathrm{i}\int_{|z|=1} \frac{z\mathrm{d}z}{\left(\dfrac{q}{2}z^2 + pz + \dfrac{q}{2}\right)^2}$$

被积函数在点 $z_1 = \dfrac{1}{q}(-p + \sqrt{p^2 - q^2}), z_2 = \dfrac{1}{q}(-p - \sqrt{p^2 - q^2})$ 有二阶极点. 令 $p > q > 0$，则 z_1 在 $|z|=1$ 内. 为求留数，因

$$\frac{q}{2}z^2 + pz + \frac{q}{2} = \frac{q}{2}(z - z_1)(z - z_2)$$

故

$$\mathrm{Res}(f, z_1) = \lim_{z \to z_1} \frac{\mathrm{d}}{\mathrm{d}z}\left[\frac{z(z - z_1)^2}{\dfrac{q^2}{4}(z - z_1)^2 (z - z_2)^2}\right] =$$

$$\frac{4}{q^2} \cdot \frac{\mathrm{d}}{\mathrm{d}z}\left[\frac{z}{(z - z_2)^2}\right]\Big|_{z=z_1} =$$

$$-\frac{4}{q^2} \cdot \frac{z_1 + z_2}{(z_1 - z_2)^3} = \frac{p}{(p^2 - q^2)^{\frac{3}{2}}}$$

所以

$$I = -\mathrm{i}2\pi\mathrm{i}\mathrm{Res}(f, z_1) = \frac{2\pi p}{(p^2 - q^2)^{\frac{3}{2}}} \quad (p > q > 0)$$

（4）$a = \alpha + \mathrm{i}\beta, \beta \neq 0$（当 $\beta = 0$ 时积分发散）.

令 $\mathrm{e}^{2\mathrm{i}(x-a)} = z$，则 $\mathrm{d}x = \dfrac{\mathrm{d}z}{2\mathrm{i}z}$.

$$\cot(x - a) = \mathrm{i}\frac{\mathrm{e}^{\mathrm{i}(x-a)} + \mathrm{e}^{-\mathrm{i}(x-a)}}{\mathrm{e}^{\mathrm{i}(x-a)} - \mathrm{e}^{-\mathrm{i}(x-a)}} = \mathrm{i}\frac{z + 1}{z - 1}$$

当 x 由 0 变至 π 时,圆周 $|z|=|\mathrm{e}^{2\beta+2\mathrm{i}(x-a)}|=\mathrm{e}^{2\beta}$,所以

$$I=\int_{|z|=\mathrm{e}^{2\beta}}\mathrm{i}\,\frac{z+1}{z-1}\cdot\frac{\mathrm{d}z}{2\mathrm{i}z}=\frac{1}{2}\int_{|z|=\mathrm{e}^{2\beta}}\frac{z+1}{z-1}\cdot\frac{\mathrm{d}z}{z}$$

当 $\beta>0$ 时,因 $\mathrm{e}^{2\beta}>1$,故被积函数的两个极点 $z_1=0,z_2=1$ 均在其内,而

$$\mathrm{Res}(f,z_1)=-1,\mathrm{Res}(f,z_2)=2$$

当 $\beta<0$ 时,因 $\mathrm{e}^{2\beta}<1$,因而只有一个极点 $z_1=0$ 在其内. 故

$$I=\int_0^{\pi}\cot(x-a)\mathrm{d}x=\pi\mathrm{i}\mathrm{sgn}\,\beta\quad(\mathrm{Im}\,a=\beta\neq0)$$

㉙ 证明 $\dfrac{1}{2\pi\mathrm{i}}\displaystyle\int_C\frac{\mathrm{d}z}{z^n\bar{z}^k}=\frac{\mathrm{i}^{k-n-1}(n+k-2)!}{(2h)^{n+k-1}(k-1)!\,(n-1)!}$,其中 k 与 n

为自然数,C 是平行于实轴并且与虚轴交于 $\mathrm{i}h(h>0)$ 的直线.

证 因为

$$\frac{1}{2\pi\mathrm{i}}\int_C\frac{\mathrm{d}z}{z^n\bar{z}^k}=\frac{1}{2\pi\mathrm{i}}\int_{-\infty}^{+\infty}\frac{\mathrm{d}x}{(x+\mathrm{i}h)^n(x-\mathrm{i}h)^k}=$$

$$\frac{1}{2\pi\mathrm{i}}\int_{-\infty}^{+\infty}\frac{\mathrm{d}x}{(x^2+h^2)^k(x+\mathrm{i}h)^{n-k}}$$

设 $f(z)=\dfrac{1}{(z^2+h^2)^k(z+\mathrm{i}h)^{n-k}}$,则 $f(z)$ 在上半平面内只有一个 k 阶极点

$z=\mathrm{i}h$. 又 $z=\infty$ 至少是 $f(z)$ 的二阶零点,所以

$$\frac{1}{2\pi\mathrm{i}}\int_{-\infty}^{+\infty}\frac{\mathrm{d}x}{(x^2+h^2)^k(x+\mathrm{i}h)^{n-k}}=\mathrm{Res}[f(z),\mathrm{i}h]=$$

$$\lim_{z\to\mathrm{i}h}\frac{1}{(k-1)!}\cdot\frac{\mathrm{d}^{(k-1)}}{\mathrm{d}z^{k-1}}\left[\frac{1}{(z+\mathrm{i}h)^k(z+\mathrm{i}h)^{n-k}}\right]=$$

$$\frac{1}{(k-1)!}\lim_{z\to\mathrm{i}h}\frac{(-1)^{k-1}n(n+1)\cdots(n+k-2)}{(z+\mathrm{i}h)^{n+k-1}}=$$

$$\frac{\mathrm{i}^{k-n-1}(n+k-2)!}{(2h)^{n+k-1}(k-1)!\,(n-1)!}$$

即

$$\frac{1}{2\pi\mathrm{i}}\int_C\frac{\mathrm{d}z}{z^n\bar{z}^k}=\frac{\mathrm{i}^{k-n-1}(n+k-2)!}{(2h)^{n+k-1}(k-1)!\,(n-1)!}$$

计算形如 $\displaystyle\int_{-\infty}^{+\infty}R(x)\cos x\mathrm{d}x$ 与 $\displaystyle\int_{-\infty}^{+\infty}R(x)\sin x\mathrm{d}x$ 的积分,这实际上是计算

积分 $\displaystyle\int_{-\infty}^{+\infty}R(x)\mathrm{e}^{\mathrm{i}x}\mathrm{d}x$ 的实部与虚部(实轴上没有奇点).

㉚ 求 $\displaystyle\int_{-\infty}^{+\infty}\frac{x\cos x\mathrm{d}x}{x^2+4x+20}$.

解　考虑函数 $F(z)=\mathrm{e}^{\mathrm{i}z}f(z)=\mathrm{e}^{\mathrm{i}z}\dfrac{z}{z^2+4z+20}$.

因

$$\lim_{z\to\infty}f(z)=\lim_{z\to\infty}\frac{z}{z^2+4z+20}=0\quad(z\in\mathrm{Im}\,z>0)$$

而 $F(z)$ 在上半平面内仅有单极点 $z_1=2+4\mathrm{i}$(另一个是 $z_2=2-4\mathrm{i}$ 在下半平面),在实轴上显然 $F(z)$ 是解析的,因此

$$\int_{-\infty}^{+\infty}F(x)\mathrm{d}x=2\pi\mathrm{i}\mathrm{Res}[F(z),z_1]=2\pi\mathrm{i}\cdot\frac{z_1\mathrm{e}^{\mathrm{i}z_1}}{z_1-z_2}=$$

$$\frac{\pi}{2\mathrm{e}^4}\big[(\cos 2-2\sin 2)+\mathrm{i}(2\cos 2+\sin 2)\big]$$

即

$$\int_{-\infty}^{+\infty}\Big(\frac{x\cos x}{x^2+4x+20}+\mathrm{i}\frac{x\sin x}{x^2+4x+20}\Big)\mathrm{d}x=$$

$$\frac{\pi}{2\mathrm{e}^4}\big[(\cos 2-2\sin 2)+\mathrm{i}(2\cos 2+\sin 2)\big]$$

所以

$$\int_{-\infty}^{+\infty}\frac{x\cos x\mathrm{d}x}{x^2+4x+20}=\frac{\pi}{2\mathrm{e}^4}(\cos 2-2\sin 2)$$

㉛ 求 $\displaystyle\int_0^{\infty}\frac{x\sin ax}{x^2+b^2}\mathrm{d}x$,其中 a,b 为实数,且 $a\neq 0,b\neq 0$.

解　考虑 $F(z)=\mathrm{e}^{\mathrm{i}az}f(z)=\mathrm{e}^{\mathrm{i}az}\dfrac{z}{z^2+b^2}$.

$F(z)$ 只有单极点 $z=\pm|b|\mathrm{i}$,且只有 $z=|b|\mathrm{i}$ 在上半平面内.

(1) 若 $a>0$,则

$$\int_{-\infty}^{+\infty}F(x)\mathrm{d}x=\int_{-\infty}^{+\infty}\frac{x\cos ax+\mathrm{i}x\sin ax}{x^2+b^2}\mathrm{d}x=$$

$$2\pi\mathrm{i}\mathrm{Res}[F(z),|b|\mathrm{i}]=\frac{\pi\mathrm{i}}{\mathrm{e}^{a|b|}}$$

所以

$$\int_0^{\infty}\frac{x\sin ax}{x^2+b^2}\mathrm{d}x=\frac{1}{2}\int_{-\infty}^{+\infty}\frac{x\sin ax}{x^2+b^2}\mathrm{d}x=\frac{\pi}{2}\mathrm{e}^{-a|b|}$$

(2) 若 $a<0$,考虑 $F_1(z)=\mathrm{e}^{-\mathrm{i}az}\dfrac{z}{z^2+b^2}$. 同(1)可得

$$\int_0^\infty \frac{x\sin ax}{x^2+b^2}\mathrm{d}x = -\frac{\pi}{2}\mathrm{e}^{a|b|}$$

故对任意的 $a\neq 0$

$$\int_0^\infty \frac{x\sin ax}{x^2+b^2}\mathrm{d}x = \frac{\pi}{2}\mathrm{e}^{-|ab|}\,\mathrm{sgn}\,a$$

㉜ 求 $\displaystyle\int_0^\infty \frac{\cos mx}{(x^2+a^2)^2}\mathrm{d}x$，其中 $a>0, m>0$.

解 设 $F(z)=\mathrm{e}^{imz}f(z)=\mathrm{e}^{imz}\dfrac{1}{(z^2+a^2)^2}$，在上半平面上它只有一个二阶

极点 $z=ai$，所以

$$\int_{-\infty}^{+\infty} \frac{\mathrm{e}^{imx}}{(x^2+a^2)^2}\mathrm{d}x = 2\pi i\mathrm{Res}[F(z),ai]=$$

$$2\pi i\lim_{z\to ai}\frac{\mathrm{d}}{\mathrm{d}z}\left[\frac{\mathrm{e}^{imz}}{(z+ai)^2}\right]=\frac{(1+ma)\pi}{2a^3\mathrm{e}^{ma}}$$

故

$$\int_0^\infty \frac{\cos mx\,\mathrm{d}x}{(x^2+a^2)^2} = \frac{1}{2}\int_{-\infty}^{+\infty}\frac{\cos mx}{(x^2+a^2)^2}\mathrm{d}x = \frac{(1+ma)\pi}{4a^3\mathrm{e}^{ma}}$$

当 $F(z)$ 在实轴上有奇点时，我们先证下面两例，然后再归纳一般方法.

㉝ 证明 $\displaystyle\int_0^\infty \frac{\sin x\,\mathrm{d}x}{x(x^2+1)^2} = \frac{\pi}{2}\left(1-\frac{3}{2\mathrm{e}}\right)$.

证 设 $f(z)=\dfrac{\mathrm{e}^{iz}}{z(z^2+1)^2}$，取如图 9 所示的闭路 $\Gamma(R>1, r<1)$，$f(z)$

在 Γ 内只有一个二阶极点 $z=i$，所以

$$\int_\Gamma f(z)\mathrm{d}z = 2\pi i\mathrm{Res}[f(z),i]=$$

$$2\pi i\lim_{z\to i}\left[\frac{\mathrm{e}^{iz}}{z(z+i)^2}\right]' = -\frac{3\pi i}{2\mathrm{e}}$$

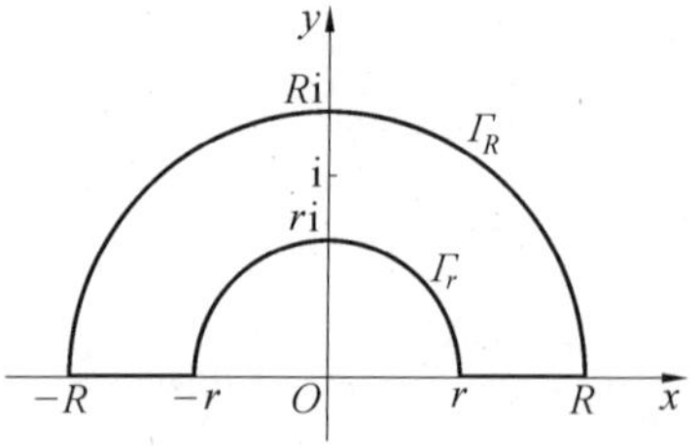

图 9

但

$$\int_{\Gamma} f(z)\mathrm{d}z = \int_{-R}^{-r} f(x)\mathrm{d}x + \int_{\Gamma_r} f(z)\mathrm{d}z +$$
$$\int_{r}^{R} f(x)\mathrm{d}x + \int_{\Gamma_R} f(z)\mathrm{d}z$$

由于

$$\lim_{z\to\infty} \frac{1}{z(z^2+1)^2} = 0$$

所以

$$\lim_{R\to\infty} \int_{\Gamma_R} \frac{\mathrm{e}^{\mathrm{i}z}\mathrm{d}z}{z(z^2+1)^2} = 0$$

又

$$\int_{\Gamma_r} \frac{\mathrm{e}^{\mathrm{i}z}\mathrm{d}z}{z(z^2+1)^2} = \mathrm{i}\int_{\pi}^{0} \frac{\mathrm{e}^{-r\sin\varphi + \mathrm{i}r\cos\varphi}}{(r^2\mathrm{e}^{2\mathrm{i}\varphi}+1)^2}\mathrm{d}\varphi \quad (z = r\mathrm{e}^{\mathrm{i}\varphi})$$

这里被积函数在闭域 $|z| \leqslant r < 1$ 连续，所以当 $r \to 0$ 时，被积函数关于 φ 一致收敛于 1，于是

$$\lim_{r\to 0} \int_{\Gamma_r} \frac{\mathrm{e}^{\mathrm{i}z}\mathrm{d}z}{z(z^2+1)^2} = \mathrm{i}\lim_{r\to 0} \int_{\pi}^{0} \frac{\mathrm{e}^{-r\sin\varphi + \mathrm{i}r\cos\varphi}}{(r^2\mathrm{e}^{2\mathrm{i}\varphi}+1)^2}\mathrm{d}\varphi =$$
$$\mathrm{i}\int_{\pi}^{0}\mathrm{d}\varphi = -\pi\mathrm{i} \quad (z = r\mathrm{e}^{\mathrm{i}\varphi})$$

若令 $x = -t$，则

$$\int_{-R}^{-r} \frac{\mathrm{e}^{\mathrm{i}x}\mathrm{d}x}{x(x^2+1)^2} = -\int_{r}^{R} \frac{\mathrm{e}^{-\mathrm{i}t}\mathrm{d}t}{t(t^2+1)^2}$$

所以

$$\int_{r}^{R} f(x)\mathrm{d}x + \int_{-R}^{-r} f(x)\mathrm{d}x = \int_{r}^{R} \frac{\mathrm{e}^{\mathrm{i}x}\mathrm{d}x}{x(x^2+1)^2} - \int_{r}^{R} \frac{\mathrm{e}^{-\mathrm{i}x}\mathrm{d}x}{x(x^2+1)^2} =$$
$$2\mathrm{i}\int_{r}^{R} \frac{\sin x\mathrm{d}x}{x(x^2+1)^2}$$

故

$$\lim_{\substack{R\to\infty \\ r\to 0}} \int_{\Gamma} f(z)\mathrm{d}z = 2\mathrm{i}\int_{0}^{\infty} \frac{\sin x\mathrm{d}x}{x(x^2+1)^2} - \pi\mathrm{i} = -\frac{3\pi\mathrm{i}}{2\mathrm{e}}$$

即

$$\int_{0}^{\infty} \frac{\sin x\mathrm{d}x}{x(x^2+1)^2} = \frac{\pi}{2} - \frac{3\pi}{4\mathrm{e}} = \frac{\pi}{2}\left(1 - \frac{3}{2\mathrm{e}}\right)$$

注　积分闭路 Γ 也可取为如图 5(b) 所示的闭路 ($R > 1, \delta < 1$).

㉞ 证明 $\int_0^\pi \dfrac{\sin \pi x \mathrm{d}x}{x(1-x^2)} = \pi$.

证 设 $F(z) = \dfrac{\mathrm{e}^{\mathrm{i}\pi z}}{z(1-z^2)}$，它仅在实轴上有三个单极点 $0, 1, -1$，而

$$\mathrm{Res}[F(z), 0] = 1, \mathrm{Res}[F(z), 1] = \frac{1}{2}, \mathrm{Res}[F(z), -1] = \frac{1}{2}$$

分别以 $-1, 0, 1$ 为中心，以 $\rho < \dfrac{1}{2}$ 为半径作半圆周 c_{-1}, c_0, c_1，再作半圆周 $z = R\mathrm{e}^{\mathrm{i}\theta}(0 \leqslant \theta \leqslant \pi, R > 2)$，它们和实轴上的线段一起组成闭路 Γ（图 10）. 由柯西定理知

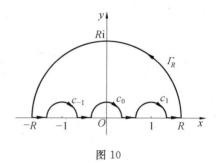

图 10

$$\int_\Gamma F(z)\mathrm{d}z = 0$$

即

$$\left(\int_{-R}^{-1-\rho} + \int_{-1+\rho}^{-\rho} + \int_\rho^{1-\rho} + \int_{1+\rho}^R\right) F(x)\mathrm{d}x =$$
$$-\left(\int_{\Gamma_R} + \int_{c_{-1}} + \int_{c_0} + \int_{c_1}\right) F(z)\mathrm{d}z$$

由 $\lim\limits_{R \to \infty} \int_{\Gamma_R} F(z)\mathrm{d}z = 0$，而

$$\lim_{\rho \to 0}\left(\int_{c_{-1}} + \int_{c_0} + \int_{c_1}\right) F(z)\mathrm{d}z = -\left(1 + \frac{1}{2} + \frac{1}{2}\right)\pi\mathrm{i} = -2\pi\mathrm{i}$$

（见 35 题的证明），所以

$$\lim_{\substack{R \to \infty \\ \rho \to 0}}\left(\int_{-R}^{-1-\rho} + \int_{-1+\rho}^{-\rho} + \int_\rho^{1-\rho} + \int_{1+\rho}^R\right) F(x)\mathrm{d}x = 2\pi\mathrm{i}$$

取两边虚部再除以 2 得到

$$\int_0^\infty \frac{\sin \pi x}{x(1-x^2)}\mathrm{d}x = \frac{1}{2}\int_{-\infty}^{+\infty} \frac{\sin \pi x}{x(1-x^2)}\mathrm{d}x = \pi$$

计算形如 $\int_{-\infty}^{+\infty} R(x)\cos mx\,\mathrm{d}x$ 与 $\int_{-\infty}^{+\infty} R(x)\sin mx\,\mathrm{d}x$（$m$ 为实数）的积分，常用下面 35 题的方法（这里 $R(z)$ 在实轴上有单极点）.

㉟ 证明若 $F(z) = \mathrm{e}^{\mathrm{i}mz}f(z)$，其中 $m > 0$，且它具有下列性质：

（1）在上半平面内仅有有限个奇点 $a_k(k = 1, 2, \cdots, n)$；

（2）除单极点 $x_k(k = 1, 2, \cdots, m)$ 外，在实轴上解析；

（3）当 $\operatorname{Im} z \geqslant 0, z \rightarrow \infty$ 时，有 $f(z) \rightarrow 0$，则

$$\int_{-\infty}^{+\infty} F(x)\mathrm{d}x = 2\pi\mathrm{i}\Big\{\sum_{k=1}^{n}\operatorname{Res}[F(z),a_k] +$$

$$\frac{1}{2}\sum_{k=1}^{m}\operatorname{Res}[F(z),x_k]\Big\}$$

这里积分按主值理解（对所有的 x_k 及 ∞），即

$$\int_{-\infty}^{+\infty} f(x)\mathrm{d}x = \lim_{R\rightarrow\infty}\Big\{\lim_{r\rightarrow 0}\Big[\int_{-R}^{x_1-r}f(x)\mathrm{d}x + \int_{x_1+r}^{x_2-r} + \cdots +$$

$$\int_{x_{m-1}+r}^{x_m-r} + \int_{x_m+r}^{R}f(x)\mathrm{d}x\Big]\Big\}$$

证　考虑积分 $\displaystyle\int_{\Gamma}F(z)\mathrm{d}z =$

$\displaystyle\int_{\Gamma}\mathrm{e}^{imz}f(z)\mathrm{d}z$，其中闭路 Γ 是由 $z=R$ 的

上半圆周 C_R 与 $|z-x_k|=r(k=1,$

$2,\cdots,m)$ 的上半圆周 C_{r_k} 及此小圆周外

实轴 $[-R,R]$ 上的线段所组成（图 11）.

而 R 足够大，使 a_k 与 $x_j(k=1,2,\cdots,n;$

$j=1,2,\cdots,m)$ 皆在 Γ 的内部，且 r 足够

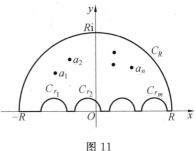

图 11

小，使 $|z-z_j|=r$ 互不相交，并且全在 $|z|=R$ 的内部（这里不妨设 $x_1 <$

$x_2 < \cdots < x_m$，否则可重新编号），于是

$$\int_{\Gamma}F(z)\mathrm{d}z = \int_{-R}^{x_1-r}F(x)\mathrm{d}x + \int_{x_1+r}^{x_2-r}F(x)\mathrm{d}x + \cdots + \int_{x_m+r}^{R}F(x)\mathrm{d}x +$$

$$\int_{C_R}F(z)\mathrm{d}z + \sum_{k=1}^{m}\int_{C_{r_k}}F(z)\mathrm{d}z \qquad (1)$$

$$\lim_{R\rightarrow\infty}\int_{C_R}F(z)\mathrm{d}z = 0$$

令 $R_k = \operatorname{Res}[F(z),x_k]$，下面证明

$$\lim_{r\rightarrow 0}\int_{C_{r_k}}F(z)\mathrm{d}z = R_k\int_{C_{r_k}}\frac{\mathrm{d}z}{z-x_k}$$

由于 x_k 是 $F(z)$ 的单极点，故

$$\lim_{z\rightarrow x_k}(z-x_k)F(z) = R_k$$

所以

$$|(z-x_k)F(z) - R_k| < \varepsilon \quad (|z-x_k|=r<\delta)$$

于是

$$\left| \int_{C_{r_k}} F(z)\,\mathrm{d}z - R_k \int_{C_{r_k}} \frac{\mathrm{d}z}{z - x_k} \right| = \left| \int_{C_{r_k}} \left[(z - x_k)F(z) - R_k \right] \frac{\mathrm{d}z}{z - x_k} \right| <$$

$$\varepsilon \int_{C_{r_k}} \frac{|\,\mathrm{d}z\,|}{|\,z - x_k\,|} = \pi\varepsilon$$

又

$$\int_{C_{r_k}} \frac{\mathrm{d}z}{z - x_k} = \int_{\pi}^{0} \mathrm{i}\,\mathrm{d}\varphi = -\pi\mathrm{i} \quad (z - x_k = r\mathrm{e}^{\mathrm{i}\varphi})$$

所以

$$\lim_{r \to 0} \int_{C_{r_k}} F(z)\,\mathrm{d}z = R_k \int_{C_{r_k}} \frac{\mathrm{d}z}{z - x_k} = -R_k \pi\mathrm{i}$$

但

$$\int_{\Gamma} F(z)\,\mathrm{d}z = 2\pi\mathrm{i} \sum_{k=1}^{n} \mathrm{Res}[F(z), a_k]$$

令 $r \to 0, R \to \infty$,由式(1) 得

$$2\pi\mathrm{i} \sum_{k=1}^{n} \mathrm{Res}[F(z), a_k] = \int_{-\infty}^{+\infty} F(x)\,\mathrm{d}x + \sum_{k=1}^{m} (-R_k)\pi\mathrm{i}$$

即

$$\int_{-\infty}^{+\infty} F(x)\,\mathrm{d}x = 2\pi\mathrm{i} \left\{ \sum_{k=1}^{n} \mathrm{Res}[F(z), a_k] + \frac{1}{2} \sum_{k=1}^{m} \mathrm{Res}[F(z), x_k] \right\}$$

❸❻ 若多项式 $P(x)$ 与 $Q(x)$ 互质,$P(x)$ 的次数大于 $Q(x)$ 的次数,在实轴上 $P(x) \neq 0$,且 $m > 0$,则

$$\int_{-\infty}^{+\infty} \frac{Q(x)}{P(x)} \mathrm{e}^{\mathrm{i}mx}\,\mathrm{d}x = 2\pi\mathrm{i} \sum_{k=1}^{n} \mathrm{Res} \left[\frac{Q(z)}{P(z)} \mathrm{e}^{\mathrm{i}mz}, z_k \right]$$

其中 $z_k(k = 1, 2, \cdots, n)$ 为 $\dfrac{Q(z)}{P(z)}$ 在上半平面的奇点.

证 我们考虑函数 $\dfrac{Q(z)}{P(z)} \mathrm{e}^{\mathrm{i}mz}$ 并且选择周道 $C: C_R + \Delta_R, C_R$ 为上半圆周 $|z| = R, \mathrm{Im}\, z \geqslant 0, \Delta_R = [-R, R]$.

由留数基本定理,只要 R 充分大,就有

$$\int_{C} \frac{Q(z)}{P(z)} \mathrm{e}^{\mathrm{i}mz}\,\mathrm{d}z = 2\pi\mathrm{i} \sum_{k=1}^{n} \mathrm{Res} \left[\frac{Q(z)}{P(z)} \mathrm{e}^{\mathrm{i}mz}, z_k \right] \tag{1}$$

另一方面

$$\int_{C} \frac{Q(z)}{P(z)} \mathrm{e}^{\mathrm{i}mz}\,\mathrm{d}z = \int_{C_R} \frac{Q(z)}{P(z)} \mathrm{e}^{\mathrm{i}mz}\,\mathrm{d}z + \int_{-R}^{R} \frac{Q(x)}{P(x)} \mathrm{e}^{\mathrm{i}mx}\,\mathrm{d}x$$

当 R 充分大时,左端已与 R 无关,故得

$$\int_C \frac{Q(z)}{P(z)}\mathrm{e}^{\mathrm{i}mz}\,\mathrm{d}z = \int_{-\infty}^{+\infty} \frac{Q(x)}{P(x)}\mathrm{e}^{\mathrm{i}mx}\,\mathrm{d}x + \lim_{R\to\infty}\int_{C_R} \frac{Q(z)}{P(z)}\mathrm{e}^{\mathrm{i}mz}\,\mathrm{d}z \qquad (2)$$

联系式(1)与式(2)即得

$$\int_{-\infty}^{+\infty} \frac{Q(x)}{P(x)}\mathrm{e}^{\mathrm{i}mx}\,\mathrm{d}x = 2\pi\mathrm{i}\sum_{k=1}^{n}\mathrm{Res}\left[\frac{Q(z)}{P(z)}\mathrm{e}^{\mathrm{i}mz},z_k\right] - \lim_{R\to\infty}\int_{C_R} \frac{Q(z)}{P(z)}\mathrm{e}^{\mathrm{i}mz}\,\mathrm{d}z \qquad (3)$$

最后关于附加线路上的积分 $\displaystyle\int_{C_R} \frac{Q(z)}{P(z)}\mathrm{e}^{\mathrm{i}mz}\,\mathrm{d}z$，我们已有了预备知识，即

$$\lim_{R\to\infty}\int_{C_R} \frac{Q(z)}{P(z)}\mathrm{e}^{\mathrm{i}mz}\,\mathrm{d}z = 0$$

此处视 $f(z)=\dfrac{Q(z)}{P(z)}$，因已设 $P(z)$ 的次数大于 $Q(z)$ 的次数，故 $\lim\limits_{z\to\infty}f(z)=0$，

因而上式的成立是没有疑义的.

这样，由式(3)即得所要的等式. 证毕.

❸❼ 求 $\displaystyle\int_{0}^{+\infty} \frac{x\sin mx}{x^4+a^4}\,\mathrm{d}x$，其中 $m>0,a>0$.

解　首先注意

$$\int_{0}^{+\infty} \frac{x\sin mx}{x^4+a^4}\,\mathrm{d}x = \frac{1}{2}\int_{-\infty}^{+\infty} \frac{x\sin mx}{x^4+a^4}\,\mathrm{d}x = \frac{1}{2}\mathrm{Im}\int_{-\infty}^{+\infty} \frac{x\mathrm{e}^{\mathrm{i}mx}}{x^4+a^4}\,\mathrm{d}x \qquad (1)$$

现在计算 $\displaystyle\int_{-\infty}^{+\infty} \frac{x\mathrm{e}^{\mathrm{i}mx}}{x^4+a^4}\,\mathrm{d}x$.

因为 $\dfrac{z}{z^4+a^4}$ 在上半平面的奇点是 $a\mathrm{e}^{\frac{\pi\mathrm{i}}{4}}$ 和 $a\mathrm{e}^{\frac{3\pi\mathrm{i}}{4}}$，所以由上题即知

$$\int_{-\infty}^{+\infty} \frac{x\mathrm{e}^{\mathrm{i}mx}}{x^4+a^4}\,\mathrm{d}x = 2\pi\mathrm{i}\left[\mathrm{Res}\left(\frac{z\mathrm{e}^{\mathrm{i}mz}}{z^4+a^4},a\mathrm{e}^{\frac{\pi\mathrm{i}}{4}}\right)+\mathrm{Res}\left(\frac{z\mathrm{e}^{\mathrm{i}mz}}{z^4+a^4},a\mathrm{e}^{\frac{3\pi\mathrm{i}}{4}}\right)\right]=$$

$$2\pi\mathrm{i}\,\frac{\mathrm{e}^{-\frac{\sqrt{2}}{2}ma}\sin\dfrac{\sqrt{2}}{2}ma}{2a^2}=$$

$$\frac{\pi\mathrm{e}^{-\frac{\sqrt{2}}{2}ma}\sin\dfrac{\sqrt{2}}{2}ma}{a^2}\mathrm{i}$$

将此结果代入式(1)便得

$$\int_{0}^{+\infty} \frac{x\sin mx}{x^4+a^4}\,\mathrm{d}x = \frac{\pi}{2a^2}\mathrm{e}^{-\frac{\sqrt{2}}{2}ma}\sin\frac{\sqrt{2}}{2}ma$$

❸❽ 求 $\displaystyle\int_{0}^{+\infty} \frac{\cos mx}{x^2+1}\,\mathrm{d}x,m>0$.

解 有

$$\int_0^{+\infty} \frac{\cos mx}{x^2+1}\,\mathrm{d}x = \frac{1}{2}\int_{-\infty}^{+\infty}\frac{\cos mx}{x^2+1}\,\mathrm{d}x =$$

$$\frac{1}{2}\,\mathrm{Im}\int_{-\infty}^{+\infty}\frac{\mathrm{e}^{imx}}{x^2+1}\,\mathrm{d}x =$$

$$\frac{1}{2}\cdot 2\pi\mathrm{i}\cdot\mathrm{Res}\left(\frac{\mathrm{e}^{imz}}{z^2+1},\mathrm{i}\right)=$$

$$\frac{1}{2}\cdot 2\pi\mathrm{i}\cdot\frac{\mathrm{e}^{-m}}{2\mathrm{i}}=\frac{\pi}{2}\mathrm{e}^{-m}$$

❸❾ 求 $\displaystyle\int_0^{+\infty}\frac{\sin x}{x}\,\mathrm{d}x$.

解 我们仍然考虑函数 $\dfrac{1}{z}\cdot\mathrm{e}^{\mathrm{i}z}$，但是此时 $\dfrac{1}{z}$ 的分母 z 相当于 36 题中的

$P(z)$ 在实轴上有零点 $z=0$，即 36 题中的条件 $P(x)\neq 0$ 不成立，或者说 $\dfrac{1}{z}\cdot\mathrm{e}^{\mathrm{i}z}$

在实轴上有奇点. 因此不能直接利用 36 题中的结果进行计算.

既然 $\dfrac{\mathrm{e}^{\mathrm{i}z}}{z}$ 的奇点在点 $z=0$ 处，我们就把这

一点"挖掉"，选择以下的积分周道

$C:C_R+[-R,-r]+C_r^-+[r,R]\quad(0<r<R)$

如图 12，C_R 与 C_r 是分别以 R 与 r 为半径的上

半圆周. 因 $\dfrac{\mathrm{e}^{\mathrm{i}z}}{z}$ 在 C 上及其内解析，故由柯西定

理知

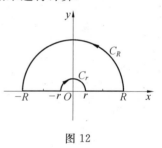

图 12

$$\int_C\frac{\mathrm{e}^{\mathrm{i}z}}{z}\,\mathrm{d}z=0$$

然而

$$\int_C\frac{\mathrm{e}^{\mathrm{i}z}}{z}\,\mathrm{d}z=\int_{C_R}\frac{\mathrm{e}^{\mathrm{i}z}}{z}\,\mathrm{d}z+\int_{-R}^{-r}\frac{\mathrm{e}^{\mathrm{i}x}}{x}\,\mathrm{d}x+\int_{C_r^-}\frac{\mathrm{e}^{\mathrm{i}z}}{z}\,\mathrm{d}z+\int_r^R\frac{\mathrm{e}^{\mathrm{i}x}}{x}\,\mathrm{d}x \qquad(1)$$

又因

$$\int_{-R}^{-r}\frac{\mathrm{e}^{\mathrm{i}x}}{x}\,\mathrm{d}x \xrightarrow{x=-t} -\int_r^R\frac{\mathrm{e}^{-\mathrm{i}t}}{t}\,\mathrm{d}t \xrightarrow{t=x} -\int_r^R\frac{\mathrm{e}^{-\mathrm{i}x}}{x}\,\mathrm{d}x$$

这样，式(1) 右端的第二、四项可以合并，从而式(1) 可以改写为

$$\int_C\frac{\mathrm{e}^{\mathrm{i}z}}{z}\,\mathrm{d}z=\int_{C_R}\frac{\mathrm{e}^{\mathrm{i}z}}{z}\,\mathrm{d}z+\int_{C_r^-}\frac{\mathrm{e}^{\mathrm{i}z}}{z}\,\mathrm{d}z+\int_r^R\frac{\mathrm{e}^{\mathrm{i}x}-\mathrm{e}^{-\mathrm{i}x}}{x}\,\mathrm{d}x=$$

$$\int_{C_R} \frac{e^{iz}}{z} dz + \int_{C_r^-} \frac{e^{iz}}{z} dz + 2i \int_r^R \frac{\sin x}{x} dx$$

因 $\int_C \frac{e^{iz}}{z} dz = 0$，故上式可写为

$$2i \int_r^R \frac{\sin x}{x} dx = -\int_{C_R} \frac{e^{iz}}{z} dz + \int_{C_r} \frac{e^{iz}}{z} dz$$

令 $r \to 0, R \to +\infty$，则上式变为

$$2i \int_0^{+\infty} \frac{\sin x}{x} dx = -\lim_{R \to \infty} \int_{C_R} \frac{e^{iz}}{z} dz + \lim_{r \to 0} \int_{C_r} \frac{e^{iz}}{z} dz \qquad (2)$$

现在的任务实际上就是处理沿附加线路 C_R 与 C_r 的积分了．由

$$\lim_{R \to \infty} \int_{C_R} \frac{e^{iz}}{z} dz = 0$$

又

$$\frac{e^{iz}}{z} = \frac{1}{z} + i - \frac{1}{2!} z - \frac{1}{3!} iz^2 + \cdots = \frac{1}{z} + G(z)$$

由 $\lim\limits_{r \to 0} \int_{C_r} G(z) dz = 0$，且对任何 $r > 0$ 有 $\int_{C_r} \frac{1}{z} dz = \pi i$，故

$$\lim_{r \to 0} \int_{C_r} \frac{1}{z} dz = \pi i$$

因而 $\lim\limits_{r \to 0} \int_{C_r} \frac{e^{iz}}{z} dz = \pi i$．这样，由式（2）就得

$$2i \int_0^{+\infty} \frac{\sin x}{x} dx = \pi i \text{ 或} \int_0^{+\infty} \frac{\sin x}{x} dx = \frac{\pi}{2}$$

注 计算积分 $\int_0^{+\infty} \frac{\sin x}{x} dx$ 也可以选取以

下积分周道（图 13）

$$C = C_R + [-R, -r] + C_r + [r, R]$$

C_R 是以 R 为半径的上半圆周，C_r 是以 r 为半径的下半圆周．

此时，$\frac{e^{iz}}{z}$ 在 C 内有奇点 $z = 0$，故

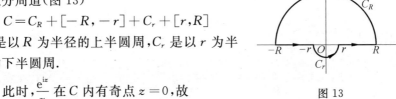

图 13

$$\int_C \frac{e^{iz}}{z} dz = \int_{C_R} \frac{e^{iz}}{z} dz + \int_{C_r} \frac{e^{iz}}{z} dz + 2i \int_r^R \frac{\sin x}{x} dx =$$

$$2\pi i \operatorname{Res}\left(\frac{e^{iz}}{z}, 0\right) = 2\pi i$$

令 $r \to 0, R \to \infty$ 即得

$$\pi i + 2i \int_0^{+\infty} \frac{\sin x}{x} dx = 2\pi i$$

于是也得到

$$\int_0^{+\infty} \frac{\sin x}{x} dx = \frac{\pi}{2}$$

在下面 40～41 题中,计算所指积分的主值.

❹ (1) $\int_{-\infty}^{+\infty} \frac{\sin x dx}{(x^2+4)(x-1)}$;(2) $\int_{-\infty}^{+\infty} \frac{\cos x dx}{(x^2+4)(x-1)}$.

解 设 $F(z) = e^{iz} f(z) = \frac{e^{iz}}{(z^2+4)(z-1)}$.

它在上半平面内有单极点 $z=2i$,在实轴上有单极点 $z=1$,并且满足第 35 题的条件,于是

$$\int_{-\infty}^{+\infty} F(x) dx = 2\pi i \left\{ \operatorname{Res}[F(z), 2i] + \frac{1}{2} \operatorname{Res}[F(z), 1] \right\} =$$

$$2\pi i \left[\frac{e^{-2}}{4i(2i-1)} + \frac{1}{2} \cdot \frac{e^i}{5} \right] =$$

$$-\frac{1+2e^2 \sin 1}{10e^2} \pi + i \frac{e^2 \cos 1 - 1}{5e^2} \pi$$

所以

$$\int_{-\infty}^{+\infty} \frac{\sin x dx}{(x^2+4)(x-1)} = \frac{e^2 \cos 1 - 1}{5e^2} \pi = \frac{\pi}{5} \left(\cos 1 - \frac{1}{e^2} \right)$$

$$\int_{-\infty}^{+\infty} \frac{\cos x dx}{(x^2+4)(x-1)} = -\frac{1+2e^2 \sin 1}{10e^2} \pi = -\frac{\pi}{5} \left(\sin 1 + \frac{1}{2e^2} \right)$$

❹ 求 $\int_0^\infty \frac{(x^2-b^2)\sin ax}{x(x^2+b^2)} dx$,其中 a,b 皆为实数,$a \neq 0$.

解 设 $F(z) = \frac{e^{iaz}(z^2-b^2)}{z(z^2+b^2)}$,它在上半平面有单极点 $z=|b|i$,在实轴上有单极点 $z=0$.

(1) 若 $a > 0$,$F(z)$ 显然满足第 35 题的条件,所以

$$\int_{-\infty}^{+\infty} F(x) dx = 2\pi i \left\{ \operatorname{Res}[F(z), |b|i] + \frac{1}{2} \operatorname{Res}[F(z), 0] \right\} =$$

$$2\pi i \left[\frac{-2b^2 e^{-a|b|}}{-2|b|^2} + \frac{1}{2}(-1) \right] = 2\pi i \left(e^{-a|b|} - \frac{1}{2} \right)$$

又由于 $F(x)$ 的虚部是偶函数,所以

$$\int_0^\infty \frac{(x^2-b^2)\sin ax}{x(x^2+b^2)}\mathrm{d}x = \frac{\pi}{2}(2\mathrm{e}^{-|ab|}-1)$$

（2）若 $a<0$，令 $x=-t$，则

$$\int_0^\infty \frac{(x^2-b^2)\sin ax}{x(x^2+b^2)}\mathrm{d}x = -\int_0^\infty \frac{(t^2-b^2)\sin(-a)t}{(t^2+b^2)t}\mathrm{d}t =$$

$$-\frac{\pi}{2}(2\mathrm{e}^{-|ab|}-1)$$

总之有

$$\int_0^\infty \frac{(x^2-b^2)\sin ax}{x(x^2+b^2)}\mathrm{d}x = \frac{\pi}{2}(2\mathrm{e}^{-|ab|}-1)\,\mathrm{sgn}\,a$$

下面讨论其他类型的几个例子.

❷ 计算 $\displaystyle\int_0^\infty \frac{\cos 2ax - \cos 2bx}{x^2}\mathrm{d}x$，其中 a,b 为实数，且均不为

零.

解　考虑积分 $I = \displaystyle\int_\Gamma \frac{\mathrm{e}^{\mathrm{i}2az}-\mathrm{e}^{\mathrm{i}2bz}}{z^2}\mathrm{d}z$，其中 Γ 为如图 9 所示的闭路，于是

$$I = \left(\int_{-R}^{-r}+\int_r^R\right)\frac{\mathrm{e}^{\mathrm{i}2az}-\mathrm{e}^{\mathrm{i}2bz}}{x^2}\mathrm{d}x + \left(\int_{\overset{\frown}{-r,r}}+\int_{\overset{\frown}{R,-R}}\right)\frac{\mathrm{e}^{\mathrm{i}2az}-\mathrm{e}^{\mathrm{i}2bz}}{z^2}\mathrm{d}z$$

当 $a>b,b>0$ 时

$$\lim_{R\to\infty}\int_{\overset{\frown}{R,-R}}\frac{\mathrm{e}^{\mathrm{i}2az}-\mathrm{e}^{\mathrm{i}2bz}}{z^2}\mathrm{d}z = 0$$

因

$$\mathrm{e}^{\mathrm{i}2az}=\sum_{n=0}^\infty \frac{(\mathrm{i}2az)^n}{n!},\quad \mathrm{e}^{\mathrm{i}2bz}=\sum_{n=0}^\infty \frac{(\mathrm{i}2bz)^n}{n!}$$

所以

$$\int_{\overset{\frown}{-r,r}}\frac{\mathrm{e}^{\mathrm{i}2az}-\mathrm{e}^{\mathrm{i}2bz}}{z^2}\mathrm{d}z =$$

$$\int_{\overset{\frown}{-r,r}}\frac{2(a-b)\mathrm{i}}{z}\mathrm{d}z + \int_{\overset{\frown}{-r,r}}\sum_{n=2}^\infty \frac{(2a\mathrm{i})^n-(2b\mathrm{i})^n}{n!}z^{n-2}\mathrm{d}z =$$

$$2(a-b)\pi + \int_{\overset{\frown}{-r,r}}\varphi(z)\mathrm{d}z$$

其中 $\varphi(z)=\displaystyle\sum_{n=2}^\infty \frac{(2a\mathrm{i})^n-(2b\mathrm{i})^n}{n!}z^{n-2}$ 在 $z=0$ 的邻域解析，因而有界，故当 r 充

分小时，$|\varphi(z)|\leqslant M(|z|=r)$. 所以

$$\left|\int_{-r,r} \varphi(z)\mathrm{d}z\right| \leqslant M\pi r \to 0 \quad (r \to 0)$$

由柯西定理知 $I = 0$. 令 $r \to 0, R \to \infty$ 取极限得

$$\int_{-\infty}^{+\infty} \frac{\mathrm{e}^{\mathrm{i}2ax} - \mathrm{e}^{\mathrm{i}2bx}}{x^2}\mathrm{d}x + 2(a-b)\pi = 0$$

由此得到

$$\int_0^\infty \frac{\cos 2ax - \cos 2bx}{x^2}\mathrm{d}x = \frac{1}{2}\int_{-\infty}^{+\infty} \frac{\cos 2ax - \cos 2bx}{x^2}\mathrm{d}x = \pi(b-a)$$

当 $a < 0, b < 0$ 时,则

$$\int_0^\infty \frac{\cos 2ax - \cos 2bx}{x^2}\mathrm{d}x = \int_0^\infty \frac{\cos(-a)2x - \cos(-b)2x}{x^2}\mathrm{d}x =$$
$$\pi[-b - (-a)] = \pi(\mid b \mid - \mid a \mid)$$

总之

$$\int_0^\infty \frac{\cos 2ax - \cos 2bx}{x^2}\mathrm{d}x = \pi(\mid b \mid - \mid a \mid)$$

❹❸ 求 $\displaystyle\int_0^\infty \frac{\sin^3 x}{x^3}\mathrm{d}x$.

解 设 $I = \displaystyle\int_\Gamma \frac{\mathrm{e}^{\mathrm{i}3z} - 3\mathrm{e}^{\mathrm{i}z} + 2}{z^3}\mathrm{d}z$,其中 Γ 为图 9 所示的闭路. 于是

$$I = \left(\int_{-R}^{-r} + \int_r^R\right) \frac{\mathrm{e}^{\mathrm{i}3x} - 3\mathrm{e}^{\mathrm{i}x} + 2}{x^3}\mathrm{d}x +$$
$$\left(\int_{-r,r} + \int_{R,-R}\right) \frac{\mathrm{e}^{\mathrm{i}3z} - 3\mathrm{e}^{\mathrm{i}z} + 2}{z^3}\mathrm{d}z$$

由第 8 题知,$\displaystyle\lim_{R \to \infty} \int_{R,-R} \frac{2}{z^3}\mathrm{d}z = 0$,又由第 9 题知

$$\lim_{R \to \infty} \int_{R,-R} \frac{\mathrm{e}^{\mathrm{i}3z}}{z^3}\mathrm{d}z = \lim_{R \to \infty} \int_{R,-R} \frac{3\mathrm{e}^{\mathrm{i}z}}{z^3}\mathrm{d}z = 0$$

类似上例计算可得

$$\int_{-r,r} \frac{\mathrm{e}^{\mathrm{i}3z} - 3\mathrm{e}^{\mathrm{i}z} + 2}{z^3}\mathrm{d}z = 3\pi\mathrm{i} + \int_{-r,r} \varphi(z)\mathrm{d}z$$

且有

$$\lim_{r \to 0} \int_{-r,r} \varphi(z)\mathrm{d}z = 0$$

根据柯西定理,令 $r \to 0, R \to \infty$ 取极限得

$$\int_{-\infty}^{+\infty} \frac{\mathrm{e}^{\mathrm{i}3x} - 3\mathrm{e}^{\mathrm{i}x} + 2}{x^3}\mathrm{d}x + 3\pi\mathrm{i} = 0$$

即

$$\int_{-\infty}^{+\infty} \frac{\sin 3x - 3\sin x}{x^3} dx = -3\pi$$

但 $\sin 3x - 3\sin x = -4\sin^3 x$，所以

$$\int_0^\infty \frac{\sin^3 x}{x^3} dx = -\frac{1}{8} \int_{-\infty}^{+\infty} \frac{\sin 3x - 3\sin x}{x^3} dx = \frac{3\pi}{8}$$

❹❹ 计算积分：$(1) \int_0^\infty \cos x^p dx$；$(2) \int_0^\infty \sin x^p dx$，其中 $x > 0, p > 1, x^p > 0$.

解　设 $I = \int_\Gamma e^{ix^p} dz$，其中闭路 Γ 如图 14 所示. 于是

$$I = \int_r^R e^{ix^p} dx + \left(\int_{\overset{\frown}{R,A}} + \int_{\overline{A,B}} + \int_{\overset{\frown}{B,r}} \right) e^{iz^p} dz \quad (1)$$

而

$$\left| \int_{\overset{\frown}{R,A}} e^{iz^p} dz \right| \leqslant R \int_0^{\frac{\pi}{2p}} e^{-R^p \sin p\varphi} d\varphi \leqslant R \int_0^{\frac{\pi}{2p}} e^{-R^p \cdot \frac{2}{\pi} p\varphi} d\varphi =$$

$$\frac{\pi}{2pR^{p-1}} (1 - e^{-R^p}) \to 0 \quad (R \to \infty)$$

上面最后一个不等号用到不等式

$$\sin \varphi > \frac{2}{\pi} \varphi \quad \left(0 < \varphi < \frac{\pi}{2} \right)$$

在 $\overline{AB}$ 上，$z = \zeta e^{\frac{i\pi}{2p}}$. 令 $\zeta^p = t$，则 $d\zeta = \frac{dt}{pt^{\frac{p-1}{p}}}$，所以

$$\int_{\overline{AB}} e^{iz^p} dz = -e^{\frac{i\pi}{2p}} \int_r^R e^{-\zeta^p} d\zeta = -\frac{1}{p} e^{\frac{i\pi}{2p}} \int_{r^p}^{R^p} t^{(\frac{1}{p}-1)} e^{-t} dt$$

故

$$\lim_{R \to \infty} \left[\lim_{r \to 0} \int_{\overline{AB}} e^{iz^p} dz \right] = -\frac{1}{p} e^{\frac{i\pi}{2p}} \int_0^\infty t^{(\frac{1}{p}-1)} e^{-t} dt = -\frac{1}{p} e^{\frac{i\pi}{2p}} \Gamma\left(\frac{1}{p} \right)$$

而

$$\left| \int_{\overset{\frown}{B,r}} e^{iz^p} dz \right| \leqslant r \int_0^{\frac{\pi}{2p}} e^{-r^p \sin p\varphi} d\varphi \leqslant r \int_0^{\frac{\pi}{2p}} d\varphi = \frac{r\pi}{2p} \to 0 \quad (r \to 0)$$

由柯西定理在式 (1) 中，令 $R \to \infty, r \to 0$ 取极限得

$$\int_0^\infty e^{ix^p} dx - \frac{1}{p} e^{\frac{i\pi}{2p}} \Gamma\left(\frac{1}{p} \right) = 0$$

即

$$\int_0^\infty \cos x^p \, dx = \frac{1}{p} \Gamma\left(\frac{1}{p}\right) \cos \frac{\pi}{2p}$$

$$\int_0^\infty \sin x^p \, dx = \frac{1}{p} \Gamma\left(\frac{1}{p}\right) \sin \frac{\pi}{2p}$$

❹⑤ 证明 $\displaystyle\int_0^\infty e^{-x^2 \cos 2\alpha} \cos(x^2 \sin 2\alpha) \, dx = \frac{\sqrt{2}}{2} \cos \alpha, -\frac{\pi}{4} \leqslant \alpha \leqslant \frac{\pi}{4}$.

证 $I = \displaystyle\int_\Gamma e^{-z^2} \, dz$,其中 Γ 是如图 15 所示的闭路,由柯西定理知

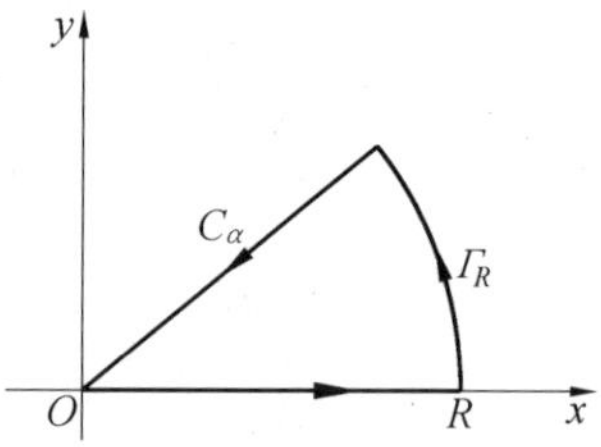

$$\int_0^R e^{-x^2} \, dx + \int_{\Gamma_R} e^{-z^2} \, dz + \int_{C_\alpha} e^{-z^2} \, dz = 0 \quad (1)$$

而 $\displaystyle\int_0^\infty e^{-x^2} \, dz = \frac{\sqrt{\pi}}{2}$,又在 Γ_R 上,$z = Re^{i\theta}$,故

$$\left| \int_{\Gamma_R} e^{-z^2} \, dz \right| \leqslant \int_0^\alpha e^{-R^2 \cos 2\theta} R \, d\theta \leqslant$$

$$\int_0^{\frac{\pi}{4}} e^{-R^2 \cos 2\theta} R \, d\theta =$$

$$\frac{R}{2} \int_0^{\frac{\pi}{2}} e^{-R^2 \sin t} \, dt \leqslant \quad \left(2\theta = \frac{\pi}{2} - t\right)$$

$$\frac{R}{2} \int_0^{\frac{\pi}{2}} e^{-R^2 \cdot \frac{2t}{\pi}} \, dt =$$

$$\frac{\pi}{4R}(1 - e^{-R^2}) \to 0 \quad (R \to \infty)$$

由于 $\displaystyle\int_{C_\alpha} e^{-z^2} \, dz = \int_R^0 e^{-r^2 e^{2i\alpha}} e^{i\alpha} \, dr$ 可以改为

$$e^{i\alpha} \int_R^0 e^{-x^2(\cos 2\alpha + i \sin 2\alpha)} \, dx$$

于是,令 $R \to \infty$,对式(1)取极限得

$$\frac{\sqrt{\pi}}{2} - e^{i\alpha} \int_0^\infty e^{-x^2(\cos 2\alpha + i \sin 2\alpha)} \, dx = 0$$

在上式中取实部即得

$$\int_0^\infty e^{-x^2 \cos 2\alpha} \cos(x^2 \sin 2\alpha) \, dx = \frac{\sqrt{\pi}}{2} \cos \alpha$$

注 若上式中取虚部则得

图 15

$$\int_0^\infty e^{-x^2\cos 2\alpha}\sin(x^2\sin 2\alpha)\,dx = \frac{\sqrt{\pi}}{2}\sin\alpha$$

特别地，令 $\alpha = \dfrac{\pi}{4}$，则

$$\int_0^\infty \cos x^2\,dx = \int_0^\infty \sin x^2\,dx = \frac{\sqrt{\pi}}{2\sqrt{2}}$$

㊺ 求 $\displaystyle\int_0^\infty e^{-ax^2}\cos bx\,dx$，其中 $a>0, b>0$.

解　设 $I = \displaystyle\int_\Gamma e^{-az^2}\,dz$，其中 Γ 为如图 16 所示的闭路. 由柯西定理知

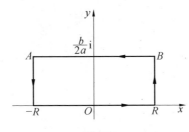

图 16

$$I = \int_{-R}^R e^{-ax^2}\,dx + \left(\int_{\overline{RB}} + \int_{\overline{BA}} + \int_{\overline{A-R}}\right)e^{-az^2}\,dz = 0 \qquad (1)$$

(1) $\displaystyle\int_{-R}^R e^{-ax^2}\,dx = 2\int_0^R e^{-ax^2}\,dx = \frac{2}{\sqrt{a}}\int_0^{\sqrt{a}R} e^{-t^2}\,dt \to \sqrt{\frac{\pi}{a}}\ (R\to\infty).$

(2) $\displaystyle\int_{\overline{BA}} e^{-az^2}\,dz = \int_R^{-R} e^{-a\left(x+\frac{bi}{2a}\right)^2}\,dx = -e^{\frac{b^2}{4a}}\int_{-R}^R e^{-ax^2}e^{-ibx}\,dx.$

(3) $\displaystyle\left|\int_{\overline{RB}} e^{-az^2}\,dz\right| \leqslant \int_0^{\frac{b}{2a}} e^{-a(R^2-y^2)}\,dy \leqslant \int_0^{\frac{b}{2a}} e^{-a\left(R^2-\frac{b^2}{4a^2}\right)}\,dy = \frac{b}{2a}e^{-a\left(R^2-\frac{b^2}{4a^2}\right)} \to 0$

$(R\to\infty).$

同理

$$\left|\int_{\overline{A-R}} e^{-az^2}\,dz\right| \to 0 \quad (R\to\infty)$$

当 $R\to\infty$ 时，式(1)两边取极限得

$$\sqrt{\frac{\pi}{a}} - e^{\frac{b^2}{4a}}\int_{-\infty}^{+\infty} e^{-ax^2}e^{-ibx}\,dx = 0$$

取实部得

$$\int_0^\infty e^{-ax^2}\cos bx\,dx = \frac{1}{2}\int_{-\infty}^{+\infty} e^{-ax^2}\cos bx\,dx =$$

$$\frac{1}{2}\sqrt{\frac{\pi}{a}}\,\mathrm{e}^{-\frac{b^2}{4a}}$$

下面研究几个多值函数积分的例子.

㊼ 证明 $\displaystyle\int_0^\infty \frac{\ln x}{(x^2+1)^2}\mathrm{d}x = -\frac{\pi}{4}$.

证法 1 设 $I=\displaystyle\int_r \frac{\ln z}{(z^2+1)^2}\mathrm{d}z$,其中 $R>1,r<1$. $\ln z$ 为对数函数的一支,定义为 $\ln z=\ln|z|+\mathrm{i}\arg z\left(-\frac{\pi}{2}<\arg z<\frac{3}{2}\pi\right)$,即在复平面上去掉负虚轴后所得的区域.

在正实轴上,$\ln z=\ln x(x>0)$,于是

$$I=\int_r^R \frac{\ln x}{(x^2+1)^2}\mathrm{d}x + \int_{-R}^{-r}\frac{\ln|x|+\mathrm{i}\pi}{(x^2+1)^2}\mathrm{d}x +$$

$$\left(\int_{\Gamma_R} + \int_{\Gamma_r}\right)\frac{\ln z}{(z^2+1)^2}\mathrm{d}z$$

(1) $\left|\displaystyle\int_{\Gamma_R}\frac{\ln z}{(z^2+1)^2}\mathrm{d}z\right| = \left|\displaystyle\int_0^\pi \frac{\ln R+\mathrm{i}\varphi}{(R^2\mathrm{e}^{\mathrm{i}2\varphi}+1)^2}R\mathrm{i}\mathrm{e}^{\mathrm{i}\varphi}\mathrm{d}\varphi\right| \leqslant \frac{\ln R+\pi}{(R^2-1)^2}\pi R \to 0$

$(R\to\infty)$.

(2) $\left|\displaystyle\int_{\Gamma_r}\frac{\ln z}{(z^2+1)^2}\mathrm{d}z\right| \leqslant \frac{|\ln r|+\pi}{(1-r^2)^2}\pi r \to 0(r\to 0)$.

(3) $\displaystyle\int_{-R}^{-r}\frac{\ln|x|+\mathrm{i}\pi}{(x^2+1)^2}\mathrm{d}x = \int_r^R \frac{\ln t+\mathrm{i}\pi}{(t^2+1)^2}\mathrm{d}t = \int_r^R \frac{\ln t\,\mathrm{d}t}{(t^2+1)^2} + \mathrm{i}\pi\int_r^R \frac{\mathrm{d}t}{(t^2+1)^2}$

$(x=-t)$.

由留数定理知

$$I=2\pi\mathrm{i}\mathrm{Res}\left[\frac{\ln z}{(z^2+1)^2},\mathrm{i}\right]$$

即

$$I=2\pi\mathrm{i}\lim_{z\to\mathrm{i}}\left[\frac{\ln z}{(z+\mathrm{i})^2}\right]' = \frac{1}{4}\left(\frac{\pi}{2}+\mathrm{i}\right)2\pi\mathrm{i} = \frac{\pi}{2}\left(\frac{\pi\mathrm{i}}{2}-1\right)$$

又

$$\int_0^\infty \frac{\mathrm{d}t}{(t^2+1)^2} = \frac{\pi}{4}$$

令 $r\to 0,R\to\infty$,则

$$2\int_0^\infty \frac{\ln x\,\mathrm{d}x}{(x^2+1)^2} + \frac{\pi^2\mathrm{i}}{4} = \frac{\pi^2\mathrm{i}}{4} - \frac{\pi}{2}$$

即

$$\int_0^\infty \frac{\ln x \, dx}{(x^2+1)^2} = -\frac{\pi}{4}$$

证法 2　考虑复变数函数 $\dfrac{\ln z}{(1+z^2)^2}$.

在选取积分周道时应避开支点 0 和 ∞,以便分出单值解析分支. 为此作曲线

$$C = C_R + [-R, -r] + C_r^- + [r, R]$$

$0 < r < 1 < R < +\infty$,如图 17,这样 0 和 ∞ 已不在 C 内部. 函数 $\dfrac{\ln z}{(z^2+1)^2}$ 在 C 上及其内仅有

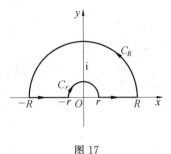

图 17

奇点 $z = \mathrm{i}$,故

$$\int_C \frac{\ln z}{(z^2+1)^2} dz = \int_{C_R} \frac{\ln z}{(z^2+1)^2} dz +$$

$$\int_{[-R,-r]} \frac{\ln z}{(z^2+1)^2} dz + \int_{C_r^-} \frac{\ln z}{(z^2+1)^2} dz +$$

$$\int_{[r,R]} \frac{\ln z}{(z^2+1)^2} dz =$$

$$2\pi\mathrm{i}\,\mathrm{Res}\left[\frac{\ln z}{(z^2+1)^2}, \mathrm{i}\right] \tag{1}$$

以下的任务是计算上式中的四个积分(包括沿线路的主要部分与附加部分的积分)和计算留数.

先计算积分:

① 考虑 $\displaystyle\int_{C_R} \frac{\ln z}{(z^2+1)^2} dz$. 因 $\displaystyle\lim_{z\to+\infty} \frac{z\ln z}{(z^2+1)^2} = 0$,故

$$\lim_{R\to\infty} \int_{C_R} \frac{\ln z}{(z^2+1)^2} dz = 0$$

② 再考虑 $\displaystyle\int_{C_r^-} \frac{\ln z}{(z^2+1)^2} dz$. 因 $\displaystyle\lim_{z\to0} \frac{z\ln z}{(z^2+1)^2} = 0$,故

$$\lim_{r\to0} \int_{C_r^-} \frac{\ln z}{(z^2+1)^2} dz = 0$$

③ 我们选取如下分支,使得在 $[r, R]$ 上,$z = x\mathrm{e}^{\mathrm{i}0}$,$x > 0$,从而 $\ln z = \ln x$;在 $[-R, -r]$ 上,$z = x\mathrm{e}^{\mathrm{i}\pi}$,$x > 0$,从而 $\ln z = \ln x + \pi\mathrm{i}$. 于是

$$\int_{[-R,-r]} \frac{\ln z}{(z^2+1)^2} dz = -\int_R^r \frac{\ln x + \pi\mathrm{i}}{(x^2+1)^2} dx =$$

$$\int_r^R \frac{\ln x + \pi\mathrm{i}}{(x^2+1)^2} dx$$

$$\int_{[r,R]} \frac{\ln z}{(z^2+1)^2} dz = \int_r^R \frac{\ln x}{(x^2+1)^2} dx$$

这样,当 $r \to 0, R \to \infty$ 时,式(1) 就变为

$$\int_0^{+\infty} \frac{\ln x + \pi i}{(x^2+1)^2} dx + \int_0^{+\infty} \frac{\ln x}{(x^2+1)^2} dx =$$

$$2\pi i \operatorname{Res}\left[\frac{\ln z}{(z^2+1)^2}, i\right]$$

或

$$2\int_0^{+\infty} \frac{\ln x}{(x^2+1)^2} dx + i\pi \int_0^{+\infty} \frac{1}{(x^2+1)^2} dx =$$

$$2\pi i \operatorname{Res}\left[\frac{\ln z}{(z^2+1)^2}, i\right]$$

最后计算留数 $\operatorname{Res}\left[\dfrac{\ln z}{(z^2+1)^2}, i\right]$.

因 i 是 $\dfrac{\ln z}{(z^2+1)^2}$ 的二阶极点,故

$$\operatorname{Res}\left[\frac{\ln z}{(z^2+1)^2}, i\right] = \lim_{z \to i} \frac{d}{dz}\left[(z-i)^2 \frac{\ln z}{(z^2+1)^2}\right] = \frac{\pi + 2i}{8}$$

于是得

$$2\int_0^{+\infty} \frac{\ln x}{(x^2+1)^2} dx + i\pi \int_0^{+\infty} \frac{1}{(x^2+1)^2} dx =$$

$$2\pi i \frac{\pi + 2i}{8} = -\frac{\pi}{2} + \frac{\pi^2}{4}i$$

从而有

$$\int_0^{+\infty} \frac{\ln x}{(x^2+1)^2} dx = -\frac{\pi}{4}$$

❹❽ 求 $\displaystyle\int_0^\infty \frac{x^{p-1}}{1+x} dx, 0 < p < 1$.

解　考虑复变数函数

$$f(z) = \frac{z^{p-1}}{1+z}$$

令 $z^{p-1} = e^{(p-1)\ln z}$,而 $\ln z$ 在平面 z 沿正实轴割开之后所成的区域 D 内定义为 $(z = \rho e^{i\theta})$

$$\ln z = \ln \rho + i\theta \quad (0 < \theta < 2\pi)$$

于是 $\ln z$ 在 D 内解析,从而 $f(z) = \dfrac{z^{p-1}}{1+z}$ 在 D 内除以点 $z = -1$ 为一阶极点外

解析.

　　今以 $z=0$ 为圆心作两个同心圆 C_R 和 C_r,其半径分别为 $R>1,r<1$. 又作两线段 AB 和 rR. 现由这四部分作积分线路 Γ(图 18),由留数基本定理

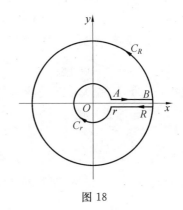

图 18

$$\int_\Gamma \frac{z^{p-1}}{1+z}\mathrm{d}z = \int_{\overline{AB}} \frac{z^{p-1}}{1+z}\mathrm{d}z + \int_{C_R^+} \frac{z^{p-1}}{1+z}\mathrm{d}z +$$

$$\int_{\overline{Rr}} \frac{z^{p-1}}{1+z}\mathrm{d}z + \int_{C_r^-} \frac{z^{p-1}}{1+z}\mathrm{d}z =$$

$$2\pi i \mathrm{Res}(f,-1) \qquad (1)$$

易求得

$$\mathrm{Res}(f,-1) = \mathrm{e}^{(p-1)\pi i}$$

　　因为 $0<p<1$,所以当 $R=|z|\to\infty$ 时

$$|z^{p-1}| = R^{p-1} \to 0, zf(z) = \frac{z}{1+z}\cdot z^{p-1} \to 0$$

故

$$\lim_{R\to\infty}\int_{C_R} \frac{z^{p-1}}{1+z}\mathrm{d}z = 0$$

又因为当 $r=|z|\to 0$ 时

$$|z^p| = r^p \to 0, zf(z) = \frac{1}{1+z}\cdot z^p \to 0$$

故

$$\lim_{r\to 0}\int_{C_r} \frac{z^{p-1}}{1+z}\mathrm{d}z = 0$$

于是在式(1)中令 $R\to\infty,r\to 0$ 就得

$$\int_0^\infty \frac{x^{p-1}}{1+x}\mathrm{d}x + \int_\infty^0 \mathrm{e}^{(p-1)2\pi i}\frac{x^{p-1}}{1+x}\mathrm{d}x = 2\pi i \mathrm{e}^{(p-1)\pi i}$$

或者

$$\left[1-\mathrm{e}^{(p-1)2\pi i}\right]\int_0^\infty \frac{x^{p-1}}{1+x}\mathrm{d}x = 2\pi i \mathrm{e}^{(p-1)\pi i}$$

从而有

$$\int_0^\infty \frac{x^{p-1}}{1+x}\mathrm{d}x = \frac{2\pi i \mathrm{e}^{(p-1)\pi i}}{1-\mathrm{e}^{(p-1)2\pi i}} = \frac{\pi}{-\sin(p-1)\pi}$$

故得

$$\int_0^\infty \frac{x^{p-1}}{1+x}\mathrm{d}x = \frac{\pi}{\sin p\pi}$$

㊾ 设有理函数 $f(z)$ 在正实轴上没有极点,且

$$\lim_{z\to 0}[z^p f(z)] = \lim_{z\to\infty}[z^p f(z)] = 0$$

其中 p 为实数但不是整数,$f(z)$ 在整个平面上只有有限个极点,此外无其他奇点. 则

$$\int_0^\infty x^{p-1} f(x)\mathrm{d}x = \frac{\pi}{\sin p\pi} \sum_{k=1}^n \mathrm{Res}\big[(-z)^{p-1} f(z), \alpha_k\big]$$

其中 $\alpha_k (k=1,2,\cdots,n)$ 为 $f(z)$ 的极点.

证 考虑积分 $I = \int_\Gamma (-z)^{p-1} f(z)\mathrm{d}z$.

被积函数是多值的,因为当点 z 逆时针绕原点走一周时,$-z$ 也走一周,因此辐角增加 2π,$-z$ 得到一个乘数 $\mathrm{e}^{2\pi\mathrm{i}}$,因而 $(-z)^{p-1}$ 在绕原点一周后成为 $(-z)^{p-1}\mathrm{e}^{2(p-1)\pi\mathrm{i}}$,即被积函数得到一个乘数 $\mathrm{e}^{2(p-1)\pi\mathrm{i}} \neq 1$($p$ 不是整数). 故原点是被积函数的支点. 我们从 $z=0$ 沿正实轴剪开一个割口,在此剪开的平面上,被积函数是单值的,要确定某一支,只需在此割开的平面内取定某一点 z 的辐角. 例如,可设在割线上沿某一取正值的点 z 的负数 $-z$ 的辐角为 $-\pi$. 若沿一闭曲线绕 $z=0$ 走一周,则 z 从割线的上沿移到下沿,因此在割线下沿的点 z 的负数 $-z$ 的辐角应取为 π. 以 x 表示 z 的辐角,则有在上沿 $-z = x\mathrm{e}^{-\mathrm{i}\pi}$,在下沿 $-z = x\mathrm{e}^{\mathrm{i}\pi}$. 从而,在上沿 $(-z)^{p-1} = x^{p-1}\mathrm{e}^{-\mathrm{i}(p-1)\pi}$,在下沿 $(-z)^{p-1} = x^{p-1}\mathrm{e}^{\mathrm{i}(p-1)\pi}$.

积分闭路 Γ 如图 19 所示,它的内部包括 $f(z)$ 的所有极点 $\alpha_k (k=1,2,\cdots,n)$. 于是 $(-z)^{p-1} f(z)$ 除点 α_k 外,在 Γ 上及其内部解析,故

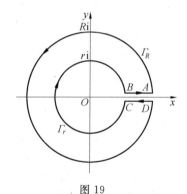

图 19

$$I = 2\pi\mathrm{i}\sum_{k=1}^n \mathrm{Res}\big[(-z)^{p-1} f(z), \alpha_k\big]$$

但

$$I = \left(\int_{\overline{BA}} + \int_{\Gamma_R} + \int_{\overline{DC}} + \int_{\Gamma_r^-}\right)(-z)^{p-1} f(z)\mathrm{d}z$$

而

$$\int_{\overline{BA}}(-z)^{p-1} f(z)\mathrm{d}z = \int_r^R x^{p-1}\mathrm{e}^{-\mathrm{i}(p-1)\pi} f(x)\mathrm{d}x$$

$$\int_{\overline{DC}} (-z)^{p-1} f(z)\,\mathrm{d}z = \int_R^r x^{p-1}\,\mathrm{e}^{\mathrm{i}(p-1)\pi} f(x)\,\mathrm{d}x$$

又

$$\left|\int_{\Gamma_R} (-z)^{p-1} f(z)\,\mathrm{d}z\right| \leqslant \max_{z \in \Gamma_R} |zf(z)| \int_{\Gamma_R} \left|\frac{\mathrm{d}z}{z}\right| =$$

$$2\pi \max_{z \in \Gamma_R} |z^p f(z)| \to 0 \quad (R \to \infty)$$

同理

$$\left|\int_{\Gamma_r} (-z)^{p-1} f(z)\,\mathrm{d}z\right| \to 0 \quad (r \to 0, \lim_{z \to 0} z^p f(z) = 0)$$

令 $r \to 0, R \to \infty$ 取极限,则得

$$\int_0^\infty x^{p-1}\,\mathrm{e}^{-\mathrm{i}(p-1)\pi} f(x)\,\mathrm{d}x - \int_0^\infty x^{p-1}\,\mathrm{e}^{\mathrm{i}(p-1)\pi} f(x)\,\mathrm{d}x =$$

$$2\pi\mathrm{i}\sum_{k=1}^n \operatorname{Res}\left[(-z)^{p-1} f(z), \alpha_k\right]$$

即

$$(\mathrm{e}^{\mathrm{i}p\pi} - \mathrm{e}^{-\mathrm{i}p\pi})\int_0^\infty x^{p-1} f(x)\,\mathrm{d}x = 2\pi\mathrm{i}\sum_{k=1}^n \operatorname{Res}\left[(-z)^{p-1} f(z), \alpha_k\right]$$

这是因为 $\mathrm{e}^{\mathrm{i}\pi} = \mathrm{e}^{-\mathrm{i}\pi} = -1$,所以

$$\int_0^\infty x^{p-1} f(x)\,\mathrm{d}x = \frac{\pi}{\sin p\pi}\sum_{k=1}^n \operatorname{Res}\left[(-z)^{p-1} f(z), \alpha_k\right]$$

❺⓿ 求下列积分的值:

$(1)\, I = \displaystyle\int_0^\infty \frac{x^{a-1}}{1+x^2}\,\mathrm{d}x, 0 < a < 2;$

$(2)\, I = \displaystyle\int_0^\infty \frac{x^{a-1}}{1+x^3}\,\mathrm{d}x, 0 < a < 3.$

解　(1) 令 $f(z) = \dfrac{1}{1+z^2}$,因此

$$I = \frac{-\pi\mathrm{e}^{-\pi a\mathrm{i}}}{\sin a\pi}\sum\left(\frac{z^{a-1}}{1+z^2}\,\text{的留数}\right)$$

$f(z)$ 的极点为 $\pm\mathrm{i}$,且均为单极点.

因此

$$\operatorname{Res}\left(\frac{z^{a-1}}{1+z^2}, \mathrm{i}\right) = \frac{\mathrm{i}^{a-1}}{2\mathrm{i}}$$

$$\operatorname{Res}\left(\frac{z^{a-1}}{1+z^2}, -\mathrm{i}\right) = \frac{(-\mathrm{i})^{a-1}}{2\mathrm{i}}$$

而

$$i^{a-1} = e^{(a-1)\ln i} = e^{(a-1)\frac{\pi i}{2}}$$

$$(-i)^{a-1} = e^{(a-1)\ln(-i)} = e^{(a-1)\frac{3\pi i}{2}}$$

(注意必须选 $\arg(-i)$ 使 $0 < \arg(-i) < 2\pi$), 故

$$\frac{i^{a-1} - (-i)^{a-1}}{2i} = \frac{1}{2i}\left[e^{(a-1)\frac{\pi i}{2}} - e^{(a-1)\frac{3\pi i}{2}}\right] =$$

$$-\frac{1}{2}(e^{\frac{a\pi i}{2}} + e^{\frac{3a\pi i}{2}}) =$$

$$-e^{a\pi i}\cos\frac{a\pi}{2}$$

所以

$$I = \frac{\pi\cos\dfrac{a\pi}{2}}{\sin a\pi} = \frac{\pi}{2\sin\dfrac{a\pi}{2}}$$

(3) $I = \dfrac{\pi}{3\sin\dfrac{a\pi}{3}}$.

注 一般可证 $I = \displaystyle\int_0^\infty \frac{x^{m-1}}{1+x^n}dx = \frac{\pi}{n\sin\dfrac{m\pi}{n}}$.

❺❶ 设 $f(z)$ 仅有一个简单极点 z_0, 让 r_ε 为以 ε 为半径, 圆心角为 α 的圆弧部分(图 20), 则

$$\lim_{\varepsilon\to 0}\int_{r_\varepsilon} f(z)dz = \alpha i\,\mathrm{Res}(f, z_0)$$

证 由题设知, 在 z_0 附近 $f(z)$ 可写为 $f(z) = \dfrac{b_1}{z-z_0} + h(z)$, 这里 $h(z)$ 解析, 且

$$b_1 = \mathrm{Res}(f, z_0)$$

因此

$$\int_{r_\varepsilon} f(z)dz = \int_{r_\varepsilon}\frac{b_1}{z-z_0}dz + \int_{r_\varepsilon} h(z)dz$$

而

$$\int_{r_\varepsilon}\frac{b_1}{z-z_0}dz = b_1\int_{a_0}^{a_0+\alpha}\frac{ie^{i\theta}d\theta}{\varepsilon e^{i\theta}} = b_1\alpha i$$

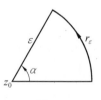

图 20

这里 $r_\varepsilon(\theta) = z_0 + \varepsilon e^{i\theta}, \alpha_0 \leqslant \theta \leqslant \alpha_0 + \alpha$.

因 $h(z)$ 解析,故在 z_0 的附近有界,比如设为 M. 当 $\varepsilon \to 0$,则

$$\left| \int_{r_\varepsilon} h(z)\mathrm{d}z \right| \leqslant Ml(r_\varepsilon) = M\alpha\varepsilon \to 0$$

证毕.

❺❷ 设 $f(z)$ 除了对有限多个极点外为解析,让 $x_1, \cdots, x_m$ 为 f 在实轴上的极点,且设它们全为简单极点,假若遵从下列两个条件之一:

(1) 证存在 R 与 $M > 0$,使当 z 满足 $\mathrm{Im}\, z \geqslant 0$ 与 $|z| \geqslant R$ 时有 $|f(z)| \leqslant \dfrac{M}{|z|^2}$.

(2) $f(z) = e^{iaz} g(z)$,这里 $a > 0$,且存在 R 与 $M > 0$ 使得当 z 满足 $\mathrm{Im}\, z \geqslant 0$ 与 $|z| \geqslant R$ 时有 $|g(z)| \leqslant \dfrac{M}{|z|}$.

则柯西积分主值:P. V. $\displaystyle\int_{-\infty}^{+\infty} f(x)\mathrm{d}x$ 存在(即对每个 $\varepsilon > 0$,

$\displaystyle\int_{-\infty}^{x_1 - \varepsilon} f(z)\mathrm{d}x, \int_{x_m + \varepsilon}^{+\infty} f(x)\mathrm{d}x$ 均收敛,且

$$\lim_{\varepsilon \to 0} \left[\int_{-\infty}^{x_1 - \varepsilon} f(x)\mathrm{d}x + \int_{x_1 + \varepsilon}^{x_2 - \varepsilon} f(x)\mathrm{d}x + \cdots + \right.$$

$$\left. \int_{x_{m-1} + \varepsilon}^{x_m - \varepsilon} f(x)\mathrm{d}x + \int_{x_m + \varepsilon}^{+\infty} f(x)\mathrm{d}x \right]$$

存在且有限),且

$$\text{P. V.} \int_{-\infty}^{+\infty} f(x)\mathrm{d}x = 2\pi i \sum (\text{上半平面的留数}) +$$

$$\pi i \sum (\text{实轴上的留数})$$

证　假设条件(1)保持(对条件(2)保持的情形,可用一上半平面的矩形代替半圆作积分路线).

设 $C = C_r + C_1 + C_2 + \cdots + C_m + \overline{C}$,这里 C_r 是半径为 r 的半圆,$C_1, C_2, \cdots,$ C_m 是半径为 ε 的半圆,$\overline{C}$ 为 C 沿实轴的直线段组成(图21),由留数定理

$$\int_C f(z)\mathrm{d}z = 2\pi i \sum (\text{上半平面的留数})$$

对每个 $\varepsilon > 0$,由积分的比较检验法与条件,对充分大的 $|x|$,$|f(z)| \leqslant$

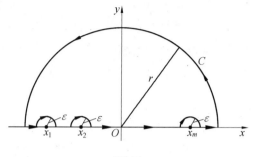

图 21

$\dfrac{M}{|z|^2}$,可知$\displaystyle\int_{-\infty}^{x_1-\varepsilon}f(x)\mathrm{d}x$ 与 $\displaystyle\int_{x_m+\varepsilon}^{\infty}f(x)\mathrm{d}x$ 收敛.

故 $\displaystyle\lim_{r\to\infty}\int_C f(x)\mathrm{d}x$ 存在,因此

$$2\pi\mathrm{i}\sum(\text{上半平面的留数})=\int_C f(z)\mathrm{d}z=\int_{\bar C}f+\int_{C_r}f+\sum_{i=1}^{m}\int_{C_i}f$$

因对充分大的 $|z|$(此处 $\mathrm{Im}\,z\geqslant 0$),$|f(z)|\leqslant\dfrac{M}{|z|^2}$,故当 $r\to\infty$ 时,

$\displaystyle\int_{C_r}f\to 0.$ 由

$$\lim_{\varepsilon\to 0}\int_{C_j}f=-\pi\mathrm{i}\mathrm{Res}(f,x_j)\quad(j=1,2,\cdots,m)$$

因而$\displaystyle\lim_{\varepsilon\to 0}\Big(\lim_{r\to\infty}\int_{\bar C}f\Big)$ 存在且等于 $2\pi\mathrm{i}\sum(\text{上半平面的留数})+\pi\mathrm{i}\sum(\text{实轴上}$
的留数).

但由柯西积分主值的定义,$\displaystyle\lim_{\varepsilon\to 0}\Big(\lim_{r\to\infty}\int_C f\Big)$ 是确定的,故问题得证.

❸❸ 证明 $\Gamma(a)\Gamma(1-a)=\dfrac{\pi}{\sin\pi a}$,$0<a<1$.

证 (1) 考虑积分$\displaystyle\int_0^{\infty}\dfrac{x^{a-1}}{1+x}\mathrm{d}x.$ 令 $f(z)=\dfrac{1}{1+z}$ 在正实轴无极点,而

$$|z^a f(z)|\leqslant\dfrac{|z|^a}{|z|-1}\quad(|z|>1)$$

因 $a<1$,当 $|z|=R\to\infty$ 时,$z^a f(z)\to 0$. 又 $a>0$,$|z^a f(z)|\leqslant$
$\dfrac{|z|^a}{1-|z|}(|z|<1)$. 所以,当 $|z|=r\to 0$ 时,$z^a f(z)\to 0$.

因此

$$\int_0^\infty \frac{x^{a-1}}{1+x}\mathrm{d}x = \frac{\pi}{\sin a\pi}\mathrm{Res}[(-z)^{a-1}f(z), -1] = \frac{\pi}{\sin a\pi}$$

取 $1^{a-1}=1$ 的一支.

注　这里若令 $x=\mathrm{e}^t$,则

$$\int_{-\infty}^{+\infty} \mathrm{e}^{at}\frac{\mathrm{d}t}{1+\mathrm{e}^t} = \int_0^\infty x^{a-1}\frac{\mathrm{d}x}{1+x} = \frac{\pi}{\sin \pi a}$$

(2) 因为 $\Gamma(x) = \int_0^\infty t^{x-1}\mathrm{e}^{-t}\mathrm{d}t$,所以

$$\Gamma(a)\Gamma(1-a) = \int_0^\infty t^{a-1}\mathrm{e}^{-t}\mathrm{d}t \int_0^\infty \mathrm{e}^{-s}s^{-a}\mathrm{d}s =$$

$$\int_0^\infty \int_0^\infty \mathrm{e}^{-(t+s)}t^{a-1}s^{-a}\mathrm{d}t\mathrm{d}s$$

作变换 $\xi = t+s, \eta = \dfrac{t}{s}$,交换积分次序得

$$\Gamma(a)\Gamma(1-a) = \int_0^\infty \int_0^\infty \mathrm{e}^{-\xi}\eta^{a-1}\frac{\mathrm{d}\xi\mathrm{d}\eta}{1+\eta} = \int_0^\infty \frac{\eta^{a-1}}{1+\eta}\mathrm{d}\eta = \frac{\pi}{\sin a\pi} \quad (0<a<1)$$

❺❹ 求 $\displaystyle\int_0^\infty \frac{x^{-p}\mathrm{d}x}{x^2+2x\cos \varphi+1}$,其中 $-1<p<1, p\neq 0, -\pi<$

$\varphi<\pi$.

解　令 $-p=q-1$,则 $0<q<2(p\neq 0, q\neq 1)$.设

$$F(z) = (-z)^{-p}f(z) = \frac{(-z)^{-p}}{z^2+2z\cos \varphi+1}$$

当 $\varphi\neq 0$ 时

$$z = -\cos \varphi + \sqrt{\cos^2\varphi-1} = -\cos \varphi \pm \mathrm{i}\sin \varphi$$

为两个单极点. 记 $z_0 = -\cos \varphi + \mathrm{i}\sin \varphi = -\mathrm{e}^{-\mathrm{i}\varphi}$,于是

$$\bar{z}_0 = -\cos \varphi - \mathrm{i}\sin \varphi = -\mathrm{e}^{\mathrm{i}\varphi}$$

由 49 题知

$$\int_0^\infty \frac{x^{-p}\mathrm{d}x}{x^2+2x\cos \varphi+1} = \frac{\pi}{\sin q\pi}\{\mathrm{Res}[F(z), z_0] + \mathrm{Res}[F(z_0), \bar{z}_0]\} =$$

$$\frac{\pi}{\sin q\pi}\left[\frac{\mathrm{e}^{p\varphi\mathrm{i}}}{-2\mathrm{e}^{-\mathrm{i}\varphi}+2\cos \varphi} + \frac{\mathrm{e}^{-p\varphi\mathrm{i}}}{-2\mathrm{e}^{\mathrm{i}\varphi}+2\cos \varphi}\right] =$$

$$\frac{\pi\sin p\varphi}{\sin q\pi\sin \varphi} \quad (\varphi\neq 0, q\neq 1, 0<q<2)$$

若 $\varphi=0$,则 $\cos \varphi=1$,于是

$$\int_0^\infty \frac{x^{-p}\mathrm{d}x}{x^2+2x+1} = \int_0^\infty \frac{x^{-p}\mathrm{d}x}{(x+1)^2} =$$

$$\frac{\pi}{\sin q\pi}\operatorname{Res}\left[\frac{(-z)^p}{(z+1)^2},-1\right]=\frac{p\pi}{\sin q\pi}$$

由于

$$\sin q\pi=\sin(1-p)\pi=\sin p\pi$$

所以当 $\varphi=0$ 时

$$\int_0^\infty\frac{x^{-p}\mathrm{d}x}{(x+1)^2}=\frac{p\pi}{\sin p\pi}$$

㊸ 若有理函数 $f(z)$ 在正轴上只有有限个单极点 β_k,且在整个平面上除有限个极点 α_j 外解析,并有

$$\lim_{z\to0}z^p f(z)=\lim_{z\to\infty}z^p f(z)=0$$

其中,p 不是整数. 设 $(-z)^{p-1}f(z)=F(z)$,则

$$\int_0^\infty z^{p-1}f(z)\mathrm{d}x=\frac{\pi}{\sin p\pi}\sum_{j=1}^n\operatorname{Res}[F(z),\alpha_j]-$$

$$\pi\cot p\pi\sum_{k=1}^m\beta_k^{p-1}\operatorname{Res}[f(z),\beta_k]$$

其中积分为主值.

证 此题证明较长,只写主要步骤:

(1) 设 $\beta_1<\beta_2<\cdots<\beta_m$,考虑 $I=\int_\Gamma(-z)^{p-1}f(z)\mathrm{d}z$,闭路 Γ 如图 22 所示. 取定被积函数的单值支,则

$$I=2\pi\mathrm{i}\sum_{j=1}^n\operatorname{Res}[(-z)^{p-1}f(z),\alpha_j]$$

(2)

$$I=(-1)^{p-1}(1-\mathrm{e}^{\mathrm{i}2p\pi})\left[\int_r^{\beta_1-r}+\int_{\beta_1+r}^{\beta_2-r}+\cdots+\int_{\beta_m+r}^R\right]x^{p-1}f(x)\mathrm{d}x+$$

$$(-1)^{p-1}\left\{\left(\int_{\Gamma_R}+\int_{\Gamma_r}\right)z^{p-1}f(z)\mathrm{d}z+\sum_{k=1}^m\left(\int_{\Gamma_{\beta_k}}+\int_{\Gamma'_{\beta_k}}\right)z^{p-1}f(z)\mathrm{d}z\right\}$$

$$(1)$$

注 $(-1)^{p-1}(1-\mathrm{e}^{\mathrm{i}2p\pi})=2\mathrm{i}\sin p\pi$,当 $r\to0,R\to\infty$ 时,$\int_{\Gamma_R}$ 与 $\int_{\Gamma_r}$ 均趋于零.

(3) $\qquad f(z)=\dfrac{c_{-1}}{z-\beta_k}+\varphi(z)\qquad(\varphi(z)$ 在 β_k 解析$)$

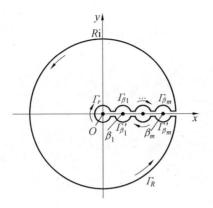

图 22

$$z^{p-1} = \beta_k^{p-1}\left[1 + \left(\frac{z}{\beta_k} - 1\right)\right]^{p-1} = \beta_k^{p-1}[1 + \varphi_1(z)]$$

所以

$$\int_{\Gamma_{\beta_k}} z^{p-1} f(z)\mathrm{d}z = \int_{\Gamma_{\beta_k}} \frac{\beta_k^{p-1} c_{-1}}{z - \beta_k}\mathrm{d}z + \int_{\Gamma_{\beta_k}} \psi(z)\mathrm{d}z =$$

$$-\beta_k^{p-1} c_{-1}\pi\mathrm{i} + \int_{\Gamma_{\beta_k}} \psi(z)\mathrm{d}z$$

上面最后的积分当 $r \to 0$ 时,趋于零. 又

$$\int_{\Gamma'_{\beta_k}} z^{p-1} f(z)\mathrm{d}z = -\mathrm{e}^{\mathrm{i}2p\pi}(\beta_k^{p-1} c_{-1}\pi\mathrm{i}) + \int_{\Gamma'_{\beta_k}} \psi(z)\mathrm{d}z$$

而当 $r \to 0$ 时

$$\int_{\Gamma_{\beta_k}} \psi(z)\mathrm{d}z \to 0$$

（4）因为

$$\lim_{r \to 0} \int_{\Gamma_{\beta_k}} z^{p-1} f(z)\mathrm{d}z = -\beta_k^{p-1}\pi\mathrm{i}\mathrm{Res}[f(z), \beta_k]$$

$$\lim_{r \to 0} \int_{\Gamma'_{\beta_k}} z^{p-1} f(z)\mathrm{d}z = -\beta_k^{p-1}\pi\mathrm{i}\mathrm{e}^{\mathrm{i}2p\pi}\mathrm{Res}[f(z), \beta_k]$$

所以

$$(-1)^{p-1} \lim_{r \to 0} \sum_{k=1}^{m}\left[\int_{\Gamma_{\beta_k}} + \int_{\Gamma'_{\beta_k}}\right] =$$

$$2\pi\mathrm{i}\cos p\pi \sum_{k=1}^{m} \beta_k^{p-1}\mathrm{Res}[f(z), \beta_k]$$

当 $r \to 0, R \to 0$,由式（1）得证.

56 求 $\displaystyle\int_{-\infty}^{+\infty}\frac{e^{px}dx}{1-e^x},0<p<1$（主值）.

解 令 $e^x=y,dx=\dfrac{dy}{y}$，于是

$$\int_{-\infty}^{+\infty}\frac{e^{px}dx}{1-e^x}=\int_0^{\infty}\frac{y^{p-1}dy}{1-y}$$

设 $f(z)=\dfrac{1}{1-z}$，则在正实轴上只有单极点 $z=1$. 由于 $0<p<1$，所以

$$\lim_{z\to 0}\frac{z^p}{1-z}=\lim_{z\to\infty}\frac{z^p}{1-z}=0$$

由上题知

$$\int_{-\infty}^{+\infty}\frac{e^{px}dx}{1-e^x}=\int_0^{\infty}\frac{y^{p-1}dy}{1-y}=-\pi\cot p\pi\mathrm{Res}[f(z),1]=\pi\cot p\pi$$

57 求 $\mathrm{P.V.}\displaystyle\int_{-\infty}^{+\infty}\frac{\cos xdx}{a^2-x^2},a>0$.

解 令 $f(z)=\dfrac{e^{iz}}{a^2-z^2}(a>0)$，而当 $\mathrm{Im}\,z\geqslant 0$，$|z|$ 充分大时

$$|g(z)|=\left|\frac{1}{a^2-z^2}\right|=\frac{1}{|a-z||a+z|}\leqslant$$

$$\frac{1}{|a+z|(|z|-|a|)}\leqslant\frac{1}{|z|}\cdot\frac{1}{|z|-|a|}$$

$\dfrac{1}{|z|-|a|}$ 有界（当 $|z|$ 充分大时），故适合 52 题的条件.

于是

$$\mathrm{P.V.}\int_{-\infty}^{+\infty}f(z)dz=2\pi i\sum(f\text{ 在上半平面的留数})+$$

$$\pi i\sum(f\text{ 在实轴上的留数})$$

但 f 在实轴上有极点 $z=\pm a$，在上半平面没有极点

$$\mathrm{Res}(f,-a)=\frac{e^{-ia}}{2a},\mathrm{Res}(f,a)=-\frac{e^{ia}}{2a}$$

所以

$$\mathrm{P.V.}\int_{-\infty}^{+\infty}f(z)dz=-\frac{\pi i}{2a}(e^{ia}-e^{-ia})=\frac{\pi\sin a}{a}$$

从而

$$\mathrm{P.V.}\int_{-\infty}^{+\infty}\frac{\cos xdx}{a^2-x^2}=\frac{\pi\sin a}{a}$$

❺❽ 设 $f(z)$ 为复平面上的半纯函数,具有有限个极点,但没有一个为整数. 让 C_N 为以 $\left(N+\dfrac{1}{2}\right)(\pm 1 \pm i)$ 为顶点的矩形,$N=1,2,3,\cdots$,若 N 充分大,C_N 包含 f 的所有极点,则 $\displaystyle\int_{C_N} \pi\cot \pi z \cdot f(z)\mathrm{d}z$ 是确定的. 假设当 $N \to \infty$ 时 $\displaystyle\int_{C_N} \pi\cot \pi z \cdot f(z)\mathrm{d}z \to 0$,则 $\displaystyle\lim_{N\to\infty}\sum_{n=-N}^{N} f(n)$ 存在有限,且 $\displaystyle\lim_{N\to\infty}\sum_{n=-N}^{N} f(n) = -\sum(\pi\cot \pi z \cdot f(z)$ 在 f 的极点处的留数).

证 对充分大的 N,使得 C_N(图 23)包含 f 的所有极点,由留数定理

$$\int_{C_N} \pi\cot \pi z \cdot f(z)\mathrm{d}z = 2\pi\mathrm{i}\sum(\pi\cot \pi z \cdot f(z) \text{ 在整数} -N, -N+1, \cdots, 0,$$
$$1, \cdots, N \text{ 处的留数}) + 2\pi\mathrm{i}\sum(\pi\cot \pi z \cdot$$
$$f(z) \text{ 在 } f \text{ 的极点处的留数})$$

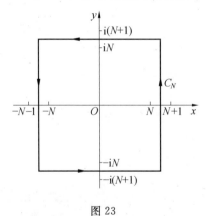

图 23

因 $\cot \pi z = \dfrac{\cos \pi z}{\sin \pi z}$,且在 $z=n$ 处 $(\sin \pi z)' \neq 0$,故 n 为 $\cot \pi z$ 的简单极点,且

$$\mathrm{Res}(\cot \pi z, n) = \frac{\cos n\pi}{\pi\cos n\pi} = \frac{1}{\pi}$$

因为

$$\mathrm{Res}(\pi\cot \pi z \cdot f(z), n) = \pi f(n)\mathrm{Res}(\cot \pi z, n) = f(n)$$

于是

$$\sum (\pi\cot \pi z \cdot f(z) \text{ 在整数} -N, -N+1, \cdots, 0, 1, \cdots, N \text{ 处的留数}) = \sum_{n=-N}^{N} f(n)$$

前面方程两边取极限,对 $\displaystyle\int_{C_N} \pi\cot \pi z \cdot f(z) \mathrm{d}z$ 用事实:当 $N \to \infty$ 时

$$\int_{C_N} \pi\cot \pi z \cdot f(z) \mathrm{d}z \to 0$$

我们得

$$\lim_{N \to \infty} \sum_{n=-N}^{N} f(n) = -\sum (\pi\cot \pi z \cdot f(z) \text{ 在} f \text{ 的极点处的留数})$$

❺❾ 假设 $f(z)$ 是一个没有整数极点的半纯函数,再设存在常数 R 与 $M > 0$,使得当 $|z| > R$ 时有 $|zf(z)| \leqslant M$,则上题的假设被满足.

证 因 $|zf(z)|$ 有界,$f(z)$ 不能有任何一个极点在区域 $|z| > R$ 内,所以 f 的所有极点在区域 $|z| \leqslant R$ 内. 由定义知,半纯函数的极点是被隔离的,但必有有限个. 此外,$\left| f\left(\dfrac{1}{z}\right) \cdot \dfrac{1}{z} \right|$ 在区域 $|z| < \dfrac{1}{R}$ 内以 M 为界,因此 0 是 $f\left(\dfrac{1}{z}\right) \cdot \dfrac{1}{z}$ 的可去奇点,所以我们能写

$$f\left(\frac{1}{z}\right) \cdot \frac{1}{z} = a_0 + a_1 z + \cdots \quad \left(|z| < \frac{1}{R}\right)$$

于是

$$f(z) = \frac{a_0}{z} + \frac{a_1}{z^2} + \frac{a_2}{z^3} + \cdots \quad (|z| > R)$$

考虑积分 $\displaystyle\int_{C_N} \frac{\pi\cot \pi z}{z} \mathrm{d}z$,由留数定理

$$\int_{C_N} \frac{\pi\cot \pi z}{z} \mathrm{d}z = 2\pi\mathrm{i}\left(\frac{\pi\cot \pi z}{z} \text{ 在} z = 0 \text{ 处的留数}\right) +$$

$$2\pi\mathrm{i} \sum \left(\frac{\pi\cot \pi z}{z} \text{ 在} N = \pm 1, \pm 2, \cdots, \pm N \text{ 处的留数}\right)$$

因在 0 处的极是二阶的,我们能写

$$\frac{\pi\cot \pi z}{z} = \frac{b_{-2}}{z^2} + \frac{b_{-1}}{z} + b_0 + b_1 z + b_2 z^2 + \cdots$$

但因 $\dfrac{\pi\cot \pi(-z)}{-z} = \dfrac{\pi\cot \pi z}{z}$,故 $\dfrac{\pi\cot \pi z}{z}$ 是 z 的偶函数. 由洛朗展开式的唯一性知,z 的奇次幂的系数为 0,特别地,$b_{-1} = 0$,但 b_{-1} 正好是

$$b_{-1} = \operatorname{Res}\left(\frac{\pi \cot \pi z}{z}, 0\right) = 0$$

再有

$$\operatorname{Res}\left(\frac{\pi \cot \pi z}{z}, n\right) = \frac{1}{n} \quad (n = \pm 1, \pm 2, \cdots, \pm N)$$

因此

$$\sum \left(\frac{\pi \cot \pi z}{z} \ \text{在} \ n = \pm 1, \pm 2, \cdots, \pm n \ \text{处的留数}\right) = 0$$

所以

$$\int_{C_N} \frac{\pi \cot \pi z}{z} \mathrm{d}z = 0$$

故

$$\int_{C_N} \pi \cot \pi z \cdot f(z) \mathrm{d}z = \int_{C_N} \pi \cot \pi z \cdot \left[f(z) - \frac{a_0}{z}\right] \mathrm{d}z$$

为了确定后一积分,我们观察

$$f(z) - \frac{a_0}{z} = \frac{a_1}{z^2} + \frac{a_2}{z^3} + \cdots \quad (|z| > R)$$

因对 $|z| < \dfrac{1}{|R|}$, $a_1 + a_2 z + a_3 z^2 + \cdots$ 表示一解析函数,它有界,比如说

为 M',在闭圆盘 $|z| \leqslant \dfrac{1}{R'}$ 内,这里 $R' > R$,这就得出

$$\left|f(z) - \frac{a_0}{z}\right| \leqslant \frac{M'}{|z|^2} \quad (|z| \geqslant R')$$

假设 N 充分大,使得在 C_N 上的所有点满足 $|z| \geqslant R'$,则

$$\left|\int_{C_N} \pi \cot \pi z \cdot \left(f(z) - \frac{a_0}{z}\right) \mathrm{d}z\right| \leqslant$$

$$\frac{\pi M' \exp\left(N + \dfrac{1}{2}\right)}{\left(N + \dfrac{1}{2}\right)^2 \pi^2} \left\{\sup_{z \in C_N} |\cot \pi z|\right\} \tag{1}$$

易于验证

$$\sup_{z \in C_N} \{|\cot \pi z|\} = \frac{\mathrm{e}^{2\pi\left(N + \frac{1}{2}\right)} + 1}{\mathrm{e}^{2\pi\left(N + \frac{1}{2}\right)} - 1}$$

(注意在垂直边上, $|\cot \pi z| \leqslant 1$;在水平边上,极大值出现在 $x = 0$ 处),因此对所有充分大的 N 我们有

$$\sup_{z \in C_N} \{|\cot \pi z|\} \leqslant 2$$

因此不等式(1)表明当 $N \to \infty$ 时

$$\int_{C_N} \pi \cot \pi z \cdot \left(f(z) - \frac{a_0}{z} \right) \mathrm{d}z \to 0$$

随之有当 $N \to \infty$ 时，$\int_{C_N} \pi \cot \pi z \cdot f(z) \mathrm{d}z \to 0$，得证.

❻⓪ 设 z 为一非整数的复数，证明

$$\sum_{n=1}^{\infty} \left(\frac{1}{z-n} + \frac{1}{n} \right) \text{ 与 } \sum_{n=1}^{\infty} \left(\frac{1}{z+n} - \frac{1}{n} \right)$$

同为绝对收敛级数，且有

$$\pi \cot \pi z = \frac{1}{z} + \sum_{n=1}^{\infty} \left(\frac{1}{z-n} + \frac{1}{n} \right) + \sum_{n=1}^{\infty} \left(\frac{1}{z+n} - \frac{1}{n} \right)$$

这个等式能写为 $\frac{1}{z} + \sum_{n=-\infty}^{\infty}{}' \left(\frac{1}{z-n} + \frac{1}{n} \right)$，其中 $\sum'$ 表示除去 $n=0$ 这一项.

解 对充分大的 n，$|z-n| > \frac{n}{2}$，因此

$$\left| \frac{1}{z-n} + \frac{1}{n} \right| = \left| \frac{z}{(z-n)n} \right| \leqslant \frac{2|z|}{n^2}$$

与收敛级数 $2|z| \left(\frac{1}{n^2} + \frac{1}{(n+1)^2} + \cdots \right)$ 比较，便得 $\sum_{n=1}^{\infty} \left(\frac{1}{z-n} + \frac{1}{n} \right)$ 绝对收敛.

类似地 $\sum_{n=1}^{\infty} \left(\frac{1}{z+n} - \frac{1}{n} \right)$ 也绝对收敛.

固定 z，考虑函数 $f(w) = \frac{1}{w-z}$，这个函数是半纯的，仅以 z 为极点，z 非整数，且容易看出 $|wf(w)|$ 对充分大的 $|w|$ 为有界的. 由上题知，第 58 题的假设被满足，因此

$$\lim_{N \to \infty} \sum_{n=-N}^{N} \frac{1}{n-z} = - \left\{ \frac{\pi \cot \pi w}{w-z} \text{ 在 } w=z \text{ 处的留数} \right\} = -\pi \cot \pi z$$

注意

$$\sum_{n=-N}^{N} \frac{1}{z-n} = \frac{1}{z} + \sum_{n=1}^{N} \left(\frac{1}{z-n} + \frac{1}{n} \right) + \sum_{n=1}^{N} \left(\frac{1}{z+n} - \frac{1}{n} \right)$$

因此

$$\frac{1}{z} + \sum_{n=1}^{\infty} \left(\frac{1}{z-n} + \frac{1}{n} \right) + \sum_{n=1}^{\infty} \left(\frac{1}{z+n} - \frac{1}{n} \right) = \pi \cot \pi z$$

❻❶ 证明 $\displaystyle\sum_{n=1}^{\infty}\frac{1}{n^2}=\frac{\pi^2}{6}$.

证　我们直接应用第 58 题的结论. 因 $f(z)=\dfrac{1}{z^2}$ 有一个极点在 0 处,由第

59 题的证明可知,当 $N\to\infty$ 时

$$\int_{C_N}\frac{\pi\cot\pi z}{z^2}\mathrm{d}z=0$$

由留数定理

$$\int_{C_N}\frac{\pi\cot\pi z}{z^2}\mathrm{d}z=2\pi\mathrm{i}\left[\sum\left(\frac{\pi\cot\pi z}{z^2}\ 在\ z=0,\pm1,\cdots,\pm N\ 处的留数\right)\right]$$

如前所述有

$$\sum\left(\frac{\pi\cot\pi z}{z^2}\ 在\ z=\pm1,\pm2,\cdots,\pm N\ 处的留数\right)=2\sum_{n=1}^{N}\frac{1}{n^2}$$

另一方面,因 $\tan z$ 在 $z=0$ 处有简单零点,故 $z=0$ 为 $\cot z$ 的简单极点.

因此由洛朗展开式, $\cot z=\dfrac{b_1}{z}+a_0+a_1z+\cdots$,于是有

$$1-\frac{z^2}{2!}+\frac{z^4}{4!}-\cdots=\left(z-\frac{z^3}{3!}+\frac{z^5}{5!}-\cdots\right)\left(\frac{b_1}{z}+a_0+a_1z+\cdots\right)$$

比较 z 的同次幂系数,我们有 $b_1=1, a_0=0, a_1=-\dfrac{1}{3}$.

因此

$$\frac{\pi\cot\pi z}{z^2}=\frac{\pi\left(\dfrac{1}{\pi z}-\dfrac{\pi z}{3}+\cdots\right)}{z^2}=\frac{1}{z^3}-\frac{\pi^2}{z}\cdot\frac{1}{3}+\cdots$$

所以

$$\mathrm{Res}\left(\frac{\pi\cot\pi z}{z^2},0\right)=-\frac{\pi^2}{3}$$

于是得 $\displaystyle\sum_{n=1}^{\infty}\frac{1}{n^2}=\frac{\pi^2}{6}$.

❻❷ 求积分 $I=\displaystyle\int_{-1}^{1}\frac{\mathrm{d}x}{\sqrt[3]{(1-x)(1+x)^2}}$.

解　取 $f(z)=\sqrt[3]{(1-z)(1+z)^2}$,则 $f(z)$ 在割去线段 $[-1,1]$ 的平面上可以分出三个正则分支. 实际上,令 $\phi_1=\arg(1+z), \phi_2=\arg(1-z)$,则当沿着图 24 中虚线的闭路线按逆时针方向绕行后, ϕ_2 得到增量 2π, ϕ_1 也得到增量

2π. 因此 $\arg f(z) = \dfrac{\phi_1 + 2\phi_2}{3}$ 得到增量 2π，因而 $f(z)$ 回到原先的数值. 我们取在线段 $[-1,1]$ 的上岸取正值的那个分支，并取如图的周线，在岸边 Ⅰ 上 $\arg f(z) = 0$，即 $f(z) = \sqrt[3]{(1-x)(1+x)^2}$；在岸边 Ⅱ 上（当围绕着点 $z=1$ 按顺时针方向的绕行后）$\arg f(z) = -\dfrac{2}{3}\pi$，即

$$f(z) = \mathrm{e}^{-\frac{2\pi i}{3}} \sqrt[3]{(1-x)(1+x)^2}$$

易见当 $r \to 0$ 时，沿小圆 C'_r, C''_r 的积分趋于 0（由约当引理），于是应用复连通域的柯西定理得

$$\left(1 - \mathrm{e}^{\frac{2\pi i}{3}}\right) \int_{-1}^{1} \frac{\mathrm{d}x}{\sqrt[3]{(1-x)(1+x)^2}} = \int_{C_R} \frac{\mathrm{d}z}{f(z)}$$

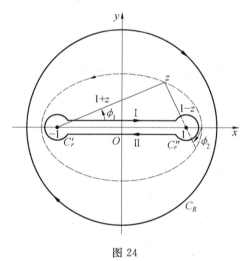

图 24

要计算 $\displaystyle\int_{C_R}$，我们用 $\dfrac{1}{f(z)}$ 的正则分支在无穷远点邻域内的展开式，将 $-\mathrm{e}^3$ 提到根号外

$$\frac{1}{f(z)} = \frac{1}{z\mathrm{e}^{-\frac{\pi i}{3}}} \left(1 - \frac{1}{z}\right)^{-\frac{1}{3}} \left(1 + \frac{1}{z}\right)^{-\frac{2}{3}}$$

其中 $\left(1 - \dfrac{1}{z}\right)^{-\frac{1}{3}}$ 与 $\left(1 + \dfrac{1}{z}\right)^{-\frac{2}{3}}$ 表示这些函数的这样的分支：它们在正轴上的线段 $(1, \infty)$ 内是正的. 按二项公式展开后，得出 $\dfrac{1}{f(z)}$ 的选出的分支在 $z = \infty$ 处的留数，它等于 $-\mathrm{e}^{\frac{\pi i}{3}}$（$\dfrac{1}{z}$ 的系数变号），但 $\displaystyle\int_{C_R}$ 等于这个留数乘以 $2\pi i$.

因此

$$(1 - e^{\frac{2\pi i}{3}})I = -e^{\frac{\pi i}{3}} \cdot 2\pi i$$

最后得

$$I = \frac{\pi}{\sin \frac{\pi}{3}} = \frac{2\pi}{\sqrt{3}}$$

❻❸ 求 $\displaystyle\int_0^1 \frac{\mathrm{d}x}{(x+1)\sqrt[3]{x^2(1-x)}}$.

解 设 $I = \displaystyle\int_\Gamma \frac{\mathrm{d}z}{(z+1)\sqrt[3]{z^2(1-z)}}$，其中复闭路 Γ 如图 25 所示（$R > 2$,

$r < \dfrac{1}{2}$).

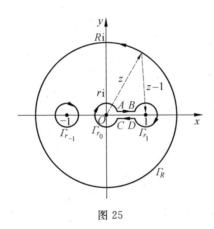

图 25

当点 z 沿图 25 中闭路 Γ_R 按逆时针方向绕行一周时，$\arg z$ 与 $\arg(1-z)$ 同时增加 2π. 若令 $\psi(z) = (z+1)\sqrt[3]{z^2(1-z)}$（显然 $z = 0$ 与 $z = 1$ 是支点），则

$$\arg \psi(z) = \arg(z+1) + \frac{1}{3}[2\arg z + \arg(1-z)]$$

也增加 2π，这表示 $\psi(z)$ 回到原来的数值. 函数 $\psi(z)$ 在线段 $(0,1)$ 的外部有三个单值支，选定在线段 $\overline{AB}$ 上取正值，即 $\arg \psi(z) = 0$ 的那个分支，当点从 B 沿 Γ_{r_1}（顺时针）绕行到点 D 时，$\psi(z)$ 的辐角增加 $-\dfrac{2}{3}\pi$，于是在 $\overline{DC}$ 上

$$\psi(z) = (x+1)e^{-\frac{2\pi i}{3}}\sqrt[3]{x^2(1-x)}$$

令 $f(z) = \dfrac{1}{\psi(z)}$，则由复闭路的柯西定理知

$$\int_{\Gamma} f(z)\,\mathrm{d}z = 0$$

即

$$\int_{\Gamma_R} f(z)\,\mathrm{d}z + \int_{\overline{AB}} f(x)\,\mathrm{d}x + \left(\int_{\Gamma_{r_1}} + \int_{\overline{DC}} + \int_{\Gamma_{r_0}} + \int_{\Gamma_{-1}}\right) f(z)\,\mathrm{d}z = 0$$

(1) $\left| \int_{\Gamma_{r_1}} f(z)\,\mathrm{d}z \right| \leqslant \int_{|z-1|=r} \dfrac{|\,\mathrm{d}z\,|}{|\,z+1\,|\,(|\,z\,|^2\,|\,1-z\,|)^{\frac{1}{3}}} <$

$$\int_{|z-1|=r} \dfrac{|\,\mathrm{d}z\,|}{r^{\frac{1}{3}}(1-r)^{\frac{2}{3}}} =$$

$$\int_0^{2\pi} (1-r)^{-\frac{2}{3}} r^{\frac{2}{3}}\,\mathrm{d}\varphi = 2\pi(1-r)^{-\frac{2}{3}} r^{\frac{2}{3}} \to 0 \quad (r \to 0)$$

(因为 $|\,z\,| = |\,z-1+1\,| \geqslant 1-r$，$|\,z+1\,| = |\,z-1+2\,| \geqslant 2-r > 1$).

(2) 有

$$\left| \int_{\Gamma_{r_0}} f(z)\,\mathrm{d}z \right| \leqslant \int_{|z|=r} \dfrac{|\,\mathrm{d}z\,|}{|\,z+1\,|\,(|\,z\,|^2\,|\,1-z\,|)^{\frac{1}{3}}} \leqslant$$

$$\int_{|z|=r} \dfrac{|\,\mathrm{d}z\,|}{(1-r)r^{\frac{2}{3}}(1-r)^{\frac{1}{3}}} =$$

$$\dfrac{2\pi r^{\frac{1}{3}}}{(1-r)^{\frac{4}{3}}} \to 0 \quad (r \to 0)$$

(3) 有

$$\left| \int_{\Gamma_R} f(z)\,\mathrm{d}z \right| \leqslant \int_{|z|=R} \dfrac{|\,\mathrm{d}z\,|}{|\,z+1\,|\,(|\,z\,|^2\,|\,1-z\,|)^{\frac{1}{3}}} \leqslant$$

$$\int_{|z|=R} \dfrac{|\,\mathrm{d}z\,|}{(R-1)R^{\frac{2}{3}}(R-1)^{\frac{1}{3}}} =$$

$$\dfrac{2\pi R^{\frac{1}{3}}}{(R-1)^{\frac{4}{3}}} \to 0 \quad (R \to \infty)$$

下面计算 $\displaystyle\int_{\Gamma_{r_{-1}}} f(z)\,\mathrm{d}z$.

因 $\dfrac{1}{\sqrt[3]{z^2(1-z)}}$ 有三个解析支，选割口上沿所取函数值为正数，也就是取

函数

$$|\,z^2(1-z)\,|^{-\frac{1}{3}} \mathrm{e}^{-\mathrm{i}[\,2(\arg z + 2k\pi) + \arg(1-z)\,]}$$

的三支中 $k=0$ 的一支，这一支在点 $z=-1$ 的函数值是

$$|\,(-1)^2[1-(-1)]\,|^{-\frac{1}{3}} \mathrm{e}^{-\frac{2\pi\mathrm{i}}{3}} = \dfrac{1}{\sqrt[3]{2}}\left(-\dfrac{1}{2} - \mathrm{i}\dfrac{\sqrt{3}}{2}\right)$$

于是

$$\int_{\Gamma_{r_{-1}}} f(z)\mathrm{d}z = -2\pi\mathrm{i}\mathrm{Res}[f(z), -1] =$$

$$-2\pi\mathrm{i}\lim_{z \to -1}\frac{1}{\sqrt[3]{z^2(1-z)}}\mathrm{e}^{-\frac{2\pi\mathrm{i}}{3}} = \frac{-2\pi\mathrm{i}}{\sqrt[3]{2}}\mathrm{e}^{-\frac{2\pi\mathrm{i}}{3}}$$

（这里前面负号是因 $\Gamma_{r_{-1}}$ 是顺时针方向），所以令 $r \to 0, R \to \infty$ 取极限得

$$(1 - \mathrm{e}^{\frac{2\pi\mathrm{i}}{3}})\int_0^1 \frac{\mathrm{d}x}{(x+1)\sqrt[3]{x^2(1-x)}} - \frac{2\pi\mathrm{i}}{\sqrt[3]{2}}\mathrm{e}^{-\frac{2\pi\mathrm{i}}{3}} = 0$$

故有

$$\int_0^1 \frac{\mathrm{d}x}{(x+1)\sqrt[3]{x^2(1-x)}} = \frac{2\pi\mathrm{i}\mathrm{e}^{-\frac{2\pi\mathrm{i}}{3}}}{-\sqrt[3]{2}(\mathrm{e}^{\frac{2\pi\mathrm{i}}{3}} - 1)} =$$

$$\frac{-2\pi\mathrm{i}\mathrm{e}^{-\frac{2\pi\mathrm{i}}{3}}}{\sqrt[3]{2}\mathrm{e}^{\frac{\pi\mathrm{i}}{3}}(\mathrm{e}^{\frac{\pi\mathrm{i}}{3}} - \mathrm{e}^{-\frac{\pi\mathrm{i}}{3}})} = \frac{\pi\sqrt[3]{4}}{\sqrt{3}}$$

注 图 25 中 $\Gamma_{r_{-1}}$ 不要也可，此时

$$I = \int_\Gamma = 2\pi\mathrm{i}\mathrm{Res}[f(z), -1] = \frac{2\pi\mathrm{i}}{\sqrt[3]{2}}\mathrm{e}^{-\frac{2\pi\mathrm{i}}{3}}$$

结果同上.

❻❹ 求 $\int_0^1 \frac{\sqrt[4]{x(1-x)^3}}{(1+x)^3}\mathrm{d}x$.

解 考虑复变数函数 $\frac{\sqrt[4]{z(1-z)^3}}{(1+z)^3}$.

函数 $\frac{\sqrt[4]{z(1-z)^3}}{(1+z)^3}$ 有且只有支点 0 和 1，因此可取线段 $[0,1]$ 为支割线.

为此我们作一挖去了上述支割线的积分周道 C，如图 26 所示，其中 C_R 是以原点为心，R 为半径的圆，$R > 2$，C_r 和 C_r' 是以 $r(0 < r < \frac{1}{2})$ 为半径且分别以点 $z = 0$ 和 $z = 1$ 为心的圆.

在上述周道 C 内，函数 $\frac{\sqrt[4]{z(1-z)^3}}{(1+z)^3}$ 仅有奇点 $z = -1$. 由留数基本定理有

$$\int_C \frac{\sqrt[4]{z(1-z)^3}}{(1+z)^3}\mathrm{d}z = 2\pi\mathrm{i}\mathrm{Res}\left(\frac{\sqrt[4]{z(1-z)^3}}{(1+z)^3}, -1\right) \tag{1}$$

下面我们先算沿组成周道 C 的各部分的积分，再算在点 $z = -1$ 处的留数.

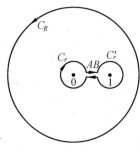

图 26

周道 C 由五部分组成：C_R：C_r^-，$C_r'^-$，支割线的上沿 $\overrightarrow{AB}_{(上)}$ 和下沿 $\overrightarrow{BA}_{(下)}$．我们约定在支割线的上沿

$$\frac{\sqrt[4]{z(1-z)^3}}{(1+z)^3} = \frac{\sqrt[4]{x(1-x)^3}}{(1+x)^3}$$

在下沿便有

$$\frac{\sqrt[4]{z(1-z)^3}}{(1+z)^3} = \mathrm{i}\,\frac{\sqrt[4]{x(1-x)^3}}{(1+x)^3}$$

因此沿上沿 $\overrightarrow{AB}_{(上)}$ 与下沿 $\overrightarrow{BA}_{(下)}$ 的积分和等于

$$(1-\mathrm{i})\int_r^{1-r} \frac{\sqrt[4]{x(1-x)^3}}{(1+x)^3}\,\mathrm{d}x$$

又因

$$\lim_{z\to\infty} z \cdot \frac{\sqrt[4]{z(1-z)^3}}{(1+z)^3} = 0$$

$$\lim_{z\to 0} z \cdot \frac{\sqrt[4]{z(1-z)^3}}{(1+z)^3} = 0$$

$$\lim_{z\to 1}(z-1) \cdot \frac{\sqrt[4]{z(1-z)^3}}{(1+z)^3} = 0$$

故

$$\lim_{R\to\infty}\int_{C_R} \frac{\sqrt[4]{z(1-z)^3}}{(1+z)^3}\,\mathrm{d}z = \lim_{r\to 0}\int_{C_r^-} \frac{\sqrt[4]{z(1-z)^3}}{(1+z)^3} =$$

$$\lim_{r\to 0}\int_{C_r'^-} \frac{\sqrt[4]{z(1-z)^3}}{(1+z)^3} = 0$$

因而式(1)变为

$$(1-\mathrm{i})\int_r^{1-r} \frac{\sqrt[4]{x(1-x)^3}}{(1+x)^3}\,\mathrm{d}x = 2\pi\mathrm{i}\operatorname{Res}\left[\frac{\sqrt[4]{z(1-z)^3}}{(1+z)^3}, -1\right]$$

令 $r\to 0$，则得

$$\int_0^1 \frac{\sqrt[4]{x(1-x)^3}}{(1+x)^3} \mathrm{d}x = \frac{2\pi\mathrm{i}}{1-\mathrm{i}} \operatorname{Res}\left[\frac{\sqrt[4]{z(1-z)^3}}{(1+z)^3}, -1\right]$$

按前面的约定 $\sqrt[4]{z(1-z)^3}$ 在点 $z=-1$ 的值是 $\sqrt[4]{2}\,(1+\mathrm{i})$，故有

$$\sqrt[4]{z(1-z)^3} = \sqrt[4]{2}\,(1+\mathrm{i})\left[1 - \frac{1}{4}(z+1) - \frac{3}{32}(z+1)^2 + \cdots\right] \cdot$$

$$\left[1 - \frac{3}{8}(z+1) - \frac{3}{128}(z+1)^3 + \cdots\right] =$$

$$\sqrt[4]{2}\,(1+\mathrm{i})\left[1 - \frac{5}{8}(z+1) - \frac{3}{128}(z+1)^2 + \cdots\right]$$

于是

$$\operatorname{Res}\left(\frac{\sqrt[4]{z(1-z)^3}}{(1+z)^3}, -1\right) = -\frac{3}{128} \cdot \sqrt[4]{2}\,(1+\mathrm{i})$$

从而得

$$\int_0^1 \frac{\sqrt[4]{x(1-x)^3}}{(1+x)^3} \mathrm{d}x = \frac{2\pi\mathrm{i}}{1-\mathrm{i}}\left[-\frac{3}{128} \cdot \sqrt[4]{2}\,(1+\mathrm{i})\right] = \frac{3}{64}\sqrt[4]{2}\,\pi$$

❻❺ 证明 $\displaystyle\int_0^\pi \ln \sin x \mathrm{d}x = -\pi\ln 2.$

证　因当 $0 < a < 1$ 时

$$\lim_{x \to 0} x^a \ln \sin x = 0, \lim_{x \to \pi}(\pi - x)^a \ln \sin x = 0$$

所以原题左边瑕积分存在.

设 $z = x + \mathrm{i}y$，当 $0 < \rho < \dfrac{\pi}{2} < R$ 时，在域 D：

$0 \leqslant x \leqslant \pi, 0 \leqslant y \leqslant R, |z| \geqslant \rho, |z-\pi| \geqslant \rho$，用 Γ
表示域 D 的边界按图 27 所指的方向所形成的闭路.
当 $z \in D$ 时，$\sin z \neq 0$，且

$$\operatorname{Re}(\sin z) = \operatorname{Im}\frac{\mathrm{e}^{\mathrm{i}z} - \mathrm{e}^{-\mathrm{i}z}}{2} = \operatorname{Im}\frac{\mathrm{e}^{\mathrm{i}x-y} - \mathrm{e}^{-\mathrm{i}x+y}}{2} =$$

$$\operatorname{Im}\frac{\mathrm{e}^{-y}\mathrm{e}^{\mathrm{i}x} + \mathrm{e}^{y}\mathrm{e}^{\mathrm{i}(\pi-x)}}{2}$$

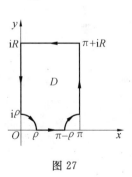

图 27

由于当 $0 \leqslant x \leqslant \pi$ 时

$$\operatorname{Im} \mathrm{e}^{\mathrm{i}x} = \sin x \geqslant 0, \operatorname{Im} \mathrm{e}^{\mathrm{i}(\pi-x)} \geqslant 0$$

故

$$\operatorname{Re}(\sin z) \geqslant 0$$

于是

$$-\frac{\pi}{2} \leqslant \arg \sin z \leqslant \frac{\pi}{2}$$

所以

$$\ln \sin z = \ln|\sin z| + i\arg \sin z \quad \left(-\frac{\pi}{2} \leqslant \arg \sin z \leqslant \frac{\pi}{2}\right)$$

在 $\overline{D}$ 上解析. 由柯西定理知, $\int_{\Gamma} \ln \sin z dz = 0$, 即

$$\int_{\rho}^{\pi-\rho} \ln \sin x dx + \int_{\pi}^{\frac{\pi}{2}} \ln \sin(\pi + \rho e^{i\theta}) i\rho e^{i\theta} d\theta + \int_{\rho}^{R} \ln \sin(\pi + iy) i dy +$$

$$\int_{\pi}^{0} \ln \sin(x + iR) dx + \int_{R}^{\rho} \ln \sin(iy) i dy +$$

$$\int_{\frac{\pi}{2}}^{0} \ln \sin(\rho e^{i\theta}) i\rho e^{i\theta} d\theta = 0 \tag{1}$$

设第二项与第六项的实部的和表示为 $\varepsilon(\rho)$, 因

$$\lim_{\rho \to 0} \ln[\sin(\pi + \rho e^{i\theta})] \cdot \rho = 0$$

$$\lim_{\rho \to 0} \ln(\sin \rho e^{i\theta}) \cdot \rho = 0$$

这时在 $0 \leqslant \theta \leqslant \pi$ 是一致的趋于零, 所以

$$\lim_{\rho \to 0} \varepsilon(\rho) = 0$$

又因

$$\sin iy = -\sin(\pi + iy) = i\mathrm{sh}\, y$$

所以

$$\arg \sin iy = \frac{\pi}{2}, \arg \sin(\pi + iy) = -\frac{\pi}{2}$$

因此, 第三项与第五项的实部的和是

$$-\int_{\rho}^{R} \arg \sin(\pi + iy) dy + \int_{\rho}^{R} \arg \sin iy dy = \pi(R - \rho)$$

为求第四项的实部, 将 $\mathrm{Re}\{\ln[\sin(x + iR)]\} = \ln|\sin(x + iR)|$ 变形为

$$\ln|\sin(x + iR)| = \ln\left|\frac{e^{ix-R} - e^{-ix+R}}{2}\right| =$$

$$\ln[e^{R}|1 - e^{2ix-2R}|] - \ln 2 =$$

$$R + \ln|1 - e^{2ix-2R}| - \ln 2$$

其中, 当 $R \to \infty$ 时, 对 x 一致的有

$$\ln|1 - e^{2ix-2R}| \to 0$$

故第四项的实部可以写为

$$-\pi R - \mu(R) + \pi\ln 2$$

其中

$$\mu(R) = -\int_0^\pi \ln | 1 - e^{2ix-2R} | \, dx \to 0 \quad (R \to \infty)$$

于是可知等式(1)的实部为

$$\int_\rho^{\pi-\rho} \ln \sin x dx + \varepsilon(\rho) + \pi(R-\rho) - \pi R + \mu(R) + \pi \ln 2 = 0$$

即

$$\int_\rho^{\pi-\rho} \ln \sin x dx = -\pi \ln 2 - \varepsilon(\rho) + \pi \rho - \mu(R)$$

令 $\rho \to 0, R \to \infty$ 取极限,则得

$$\int_0^\pi \ln \sin x dx = -\pi \ln 2$$

这是一个较难、技巧性较高的例子,读者还可参看复分析(L・V・阿尔福斯著,张立译,上海科技出版社 1962 年第一版,159 页所用的方法).

❻❻ 求级数和 $\displaystyle\sum_{r=1}^\infty \frac{(-1)^{r+1} \ln ra}{ra}, a > 0.$

解 考虑

$$\int_0^\infty \frac{\ln x}{e^{ax}+1} dx = \sum_{r=1}^\infty (-1)^{r+1} \int_0^\infty e^{-rax} \ln x dx =$$

$$\sum_{r=1}^\infty \frac{(-1)^{r+1}}{ra} \int_0^\infty e^{-u} \ln \frac{u}{ra} du =$$

$$\left(\int_0^\infty e^{-u} \ln u du \right) \left(\sum_{r=1}^\infty \frac{(-1)^{r+1}}{ra} \right) -$$

$$\sum_{r=1}^\infty \frac{(-1)^{r+1} \ln ra}{ra}$$

因

$$\int_0^\infty e^{-u} \ln u du = I''(1) = -C \quad (C \text{ 为欧拉(Euler) 常数})$$

$$\sum_{r=1}^\infty \frac{(-1)^{r+1}}{ra} = \frac{\ln 2}{a}$$

$$\int_0^\infty \frac{\ln x}{e^{ax}+1} dx = -\frac{1}{2a} \ln 2 \ln 2a^2$$

我们得

$$\sum_{r=1}^\infty \frac{(-1)^{r+1} \ln ra}{ra} = \frac{1}{2a} \ln 2 \ln 2a^2 - \frac{C \ln 2}{a}$$

67 求 $I = \displaystyle\int_0^{\frac{\pi}{2}} \cot\theta \ln\sec\theta \, \mathrm{d}\theta$.

解 瑕积分是存在的,因被积函数在上、下限处的极限为 0,且在开区间连续. 令 $x = \cos\theta$,因此

$$I = -\int_0^1 \frac{x\ln x}{1-x^2}\,\mathrm{d}x = -\int_0^1 \Big(\sum_{n=0}^{\infty} x^{2n+1}\Big)\ln x\,\mathrm{d}x$$

容易验证函数一致收敛,积分与和号交换得

$$I = -\sum_{n=0}^{\infty}\Big(\int_0^1 x^{2n+1}\ln x\,\mathrm{d}x\Big) = \sum_{n=0}^{\infty}(2n+2)^{-2} = \frac{1}{4}\sum_{m=1}^{\infty} m^{-2} = \frac{\pi^2}{24}$$

68 证明 $\tan z = \dfrac{z}{1+m^2 z^2}$ 的所有的根为实数,这里 m 为实数.

证法 1 我们注意,若 z 为所给方程的一个根,则 $\bar{z}$ 与 $-z$ 亦是,因此,在讨论虚根 $z = a + \mathrm{i}b, b \neq 0$ 时,为了方便,可设 $a \geqslant 0, b > 0$.

令 $z = a + \mathrm{i}b\,(b \neq 0)$,$\tan z = \dfrac{\sin z}{\cos z}$,$\sin \mathrm{i}b = \mathrm{i}\,\mathrm{sh}\,b$,$\cos \mathrm{i}b = \mathrm{ch}\,b$.

所给方程经化简后可得

$$\frac{\dfrac{\sin 2a}{2} + \dfrac{\mathrm{i}\,\mathrm{sh}\,2b}{2}}{\cos^2 a\,\mathrm{ch}^2 b + \sin^2 a\,\mathrm{sh}^2 b} = \frac{a[1 + m^2(a^2 + b^2)] + \mathrm{i}b[1 - m^2(a^2 + b^2)]}{[1 + m^2(a^2 + b^2)]^2 + 4m^4 a^2 b^2}$$

因实、虚部分必须相等,在每边取实、虚部分之比得

$$\frac{\sin 2a}{\sin 2b} = \frac{a}{b}\left[\frac{1 + m^2(a^2 + b^2)}{1 - m^2(a^2 + b^2)}\right]$$

对实数 m,这蕴涵不可能的不等式

$$\frac{\sin r}{\mathrm{sh}\,s} \geqslant \frac{r}{s} \quad (r \geqslant 0, s > 0)$$

由此得出不能有 $b \neq 0$,而 z 必为实数.

证法 2 设 $F(z) = \tan z - \dfrac{z}{1+m^2 z^2}$,则 $F(z)$ 的零点与 $g(z) = (1 + m^2 z^2)\tan z - z$ 的相同.

不难验证有

$$\frac{2}{z^2}\cos z\,g(z) = \int_0^1 (2m^2 + 1 - t^2)\cos zt\,\mathrm{d}t$$

应用如下的一个定理即可得出结果:

若 $f(t)$ 在 $0 \leqslant t \leqslant 1$ 二次连续可微,且 $f(t) > 0, f'(t) \leqslant 0, f''(t) < 0$,则

$\int_0^1 f(t)\cos zt\,dt$ 有无穷多个且仅为实的零点.

❻❾ 设 $P(z)$ 与 $Q(z)$ 是次数分别为 m 与 n,首项系数分别为 a 与 b 的多项式(对复变数 z).若 C 是包含 $\dfrac{P(z)}{Q(z)}$ 的极在其内部的一条简单闭道路,则

$$\int_C \frac{P(z)}{Q(z)}dz = \frac{2\pi ia}{b} \quad (n-m=1)$$

$$\int_C \frac{P(z)}{Q(z)}dz = 0 \quad (n-m \geqslant 2)$$

(这里积分取沿 C 的正指向).

证 设 $P(z)$ 与 $Q(z)$ 没有公共零点,若 $Q(z)$ 的零点 z_i 出现的重数为 j_i ($i=1,2,\cdots,r$),则把 $\dfrac{P(z)}{Q(z)}$ 展开成部分分式得

$$\frac{P(z)}{Q(z)} = \sum_{i=1}^r \sum_{k=1}^{j_i} \frac{A_{ik}}{(z-z_i)^k}$$

于是得出

$$\lim_{|z|\to\infty} \frac{zP(z)}{Q(z)} = \sum_{i=1}^r A_{i1}$$

这里注意 A_{i1} 是 $\dfrac{P(z)}{Q(z)}$ 关于极 z_i 的留数,因而得出,若 $n \geqslant m+2$,则

$$\int_C \frac{P(z)}{Q(z)}dz = 2\pi i\sum_{i=1}^r A_{i1} = 2\pi i\lim_{|z|\to\infty}\frac{zP(z)}{Q(z)} = 0$$

另一方面,若 $n=m+1$,则

$$\int_C \frac{P(z)}{Q(z)}dz = 2\pi i\sum_{i=1}^r A_{i1} = 2\pi i\lim_{|z|\to\infty}\frac{zP(z)}{Q(z)} = \frac{2\pi ia}{b}$$

注 若 $m \geqslant n$,则 $\dfrac{P(z)}{Q(z)} = F(z) + \dfrac{R(z)}{Q(z)}$,这里 $F(z)$ 是多项式且 $R(z)$ 是次数为 $n-1$ 的多项式.因 $F(z)$ 没有极,$\int_C \dfrac{P(z)}{Q(z)}dz = \int_C \dfrac{R(z)}{Q(z)}dz$,后一积分已被解决.

❼⓪ 证明

$$\int_{-\frac{\pi}{2}}^{\frac{\pi}{2}} \left(\frac{\cos\theta}{x\cos\theta + i\sin\theta}\right)^v d\theta =$$

$$\begin{cases} \pi(x+1)^{-v} & (\mid 1-x \mid < 1) \\ \pi(x-1)^{v} & (\mid 1+x \mid < 1) \end{cases}$$

这里 $R\{v\} > -1$.

证 我们证明扩充的结果:若 $R\{x\} > 0$,所给积分等于 $\pi(x+1)^{-v}$;且若 $R\{x\} < 0$,所给积分等于 $\pi(x-1)^{v}$. 设 $w = \dfrac{\cos\theta}{x\cos\theta + \mathrm{i}\sin\theta}$,则所给积分等于

$$\oint_C \frac{\mathrm{i}w^v \, \mathrm{d}w}{(1-x^2)w^2 + 2xw - 1}$$

这里 C 是圆 $\left| w - \dfrac{1}{2x} \right| = \dfrac{1}{2\mid x \mid}$ 通过顺时针或逆时针方向分别根据 $R\{x\} > 0$ 或 $R\{x\} < 0$ 得到的(事实上,对应于所给积分的 $\theta = \pm\dfrac{\pi}{2}$,这是一个在 $w=0$ 的瑕积分. 无论如何,不难由锯齿形 C 使 $w=0$ 被包含在 C 的外边,且应用适当的极限程序与限制 $R\{v\} > -1$).

上面的积分有简单极点分别在 $w = \dfrac{1}{x+1}$ 与 $\dfrac{1}{x-1}$. 若 $R\{x\} > 0$ 仅前面的在 C 内;若 $R\{x\} < 0$ 仅后面的在 C 内,因此应用留数定理即得上面所述的结果.

❼¹ 设 $f(x)$ 是首项系数为 1 的 n 次多项式,有相异个零点 x_1, $x_2, \cdots, x_n$,设 $g(x)$ 是任一个首项系数为 1 的 $n-1$ 次多项式,证明

$$\sum_{j=1}^{n} \frac{g(x_j)}{f'(x_j)} = 1$$

证法 1 设 $r(z) = \dfrac{g(z)}{f(z)}$,则 $z = x_1, x_2, \cdots, x_n$ 是 $r(z)$ 的仅有的奇异点且为简单极点,因此 $r(z)$ 在这些点处的留数的和是

$$A = \sum_{j=1}^{n} \frac{g(x_j)}{f'(x_j)}$$

$r(z)$ 在 $z = \infty$ 处的留数等于 $-\dfrac{r\left(\dfrac{1}{z}\right)}{z^2}$,不难确定 $r(z)$ 在 $z=0$ 处的留数是 -1. 因所有在奇异点处的留数与无穷远点的留数的和为零,我们有 $A=1$.

证法 2 设

$$f_j(x) = \prod_{i \neq j}(x - x_i) = \frac{f(x)}{x - x_j}$$

则 $f'(x_j) = f_j(x_j)$,根据拉格朗日(Lagrange)内插公式

$$g(x) = \sum_{j=1}^{n} \frac{g(x_j) f_j(x)}{f_j(x_j)}$$

第 $n-1$ 次导数的两边除以 $(n-1)!$，即得结果.

㊐ 证明

$$I_1 = \int_0^{\frac{\pi}{6}} \log^2(2\sin x) \, dx = \frac{7\pi^3}{216}$$

$$I_2 = \int_0^{\frac{\pi}{6}} x \log^2(2\sin x) \, dx = \frac{17\pi^4}{25\,920}$$

证　设 C 是由下列弧段组成的闭曲线：

$C_1 : z = x \, (0 \leqslant x \leqslant 1)$;

$C_2 : z = e^{i\theta} \, (0 \leqslant \theta \leqslant \frac{\pi}{6})$;

$C_3 : z = e^{\frac{it}{2}} (2\cos t)^{\frac{1}{2}} \, (\frac{\pi}{3} \leqslant t \leqslant \frac{\pi}{2})$.

在 $z=1$ 处作一小的缩进，把 $z=1$ 从 C 的内部排出去，则由柯西定理

$$0 = \int_C \frac{\log^2(1-z^2) \, dz}{z} = \int_0^1 \frac{\log^2(1-x^2) \, dx}{x} +$$

$$i \int_0^{\frac{\pi}{6}} \left[\log|2\sin\theta| + i\left(\theta - \frac{\pi}{2}\right) \right]^2 d\theta +$$

$$\int_{\frac{\pi}{3}}^{\frac{\pi}{2}} \log(-e^{2it})^2 \left(\frac{i}{2} - \frac{1}{2}\tan t \right) dt$$

取虚数部分

$$0 = \int_0^{\frac{\pi}{6}} \log^2(2\sin\theta) \, d\theta - \int_0^{\frac{\pi}{6}} \left(\theta - \frac{\pi}{2}\right)^2 d\theta - \frac{1}{2} \int_{\frac{\pi}{3}}^{\frac{\pi}{2}} (2t-\pi)^2 \, dt$$

$$\int_0^{\frac{\pi}{6}} \log^2(2\sin x) \, dx = \frac{7\pi^3}{216}$$

按同样方法，$\int_C \dfrac{\log^3(1-z^2) \, dz}{z}$ 的实数部分等于 0

$$0 = \int_0^1 \frac{\log^3(1-x^2) \, dx}{x} + \int_0^{\frac{\pi}{2}} \left[-3\log^2(2\sin\theta) \cdot \left(\theta - \frac{\pi}{2}\right) + \left(\theta - \frac{\pi}{2}\right)^3 \right] d\theta +$$

$$\frac{1}{2} \int_{\frac{\pi}{3}}^{\frac{\pi}{2}} (2t-\pi)^3 \, dt$$

而

$$\int_0^1 \frac{\log^3(1-x^2) \, dx}{x} = \frac{1}{2} \int_0^1 (1-y)^{-1} \log^2 y \, dy =$$

$$\frac{1}{2}\sum_{n=0}^{\infty}\int_0^1 y^n \log^3 y\,\mathrm{d}y =$$

$$-\frac{1}{2}\sum_{k=1}^{\infty}6k^{-4} = -\frac{\pi^4}{30}$$

其他项易于计算，这样便不难得出 I_2.

注　含有超越函数的积分一般计算都很困难，特别是带有对数函数更难处理. 如下两类积分构思比较别致，一并译出，仅供参考.

(1) $I_n = \displaystyle\int_0^{\pi}(\log\sin\phi)^n\mathrm{d}x$

我们从如下函数出发：

① $D(s) = \displaystyle\sum_{n=0}^{\infty}\frac{1\cdot 3\cdot\cdots\cdot(2n-1)}{2\cdot 4\cdot\cdots\cdot 2n}\cdot\frac{1}{(2n+1)^s}\,(s=\sigma+\tau\mathrm{i})$.

右边是一个狄利克雷(Dirichlet)级数，对 $\sigma > \dfrac{1}{2}$ 绝对收敛. 由 $\Gamma(s) = \displaystyle\int_0^{\infty}x^{s-1}\mathrm{e}^{-x}\mathrm{d}x$ 得出：

② $\dfrac{1}{(2n+1)^s} = \dfrac{1}{\Gamma(s)}\displaystyle\int_0^{\infty}\mathrm{e}^{-(2n+1)}x^{s-1}\mathrm{d}x$.

另一方面，级数 $\displaystyle\sum_{n=0}^{\infty}\frac{1\cdot 3\cdot\cdots\cdot(2n-1)}{2\cdot 4\cdot\cdots\cdot 2n}(\mathrm{e}^{-x})^{2n+1}$，对 $x > 0$ 一致收敛. 我们容易推出：

③ $D(s) = \dfrac{1}{\Gamma(s)}\displaystyle\int_0^{\infty}\frac{x^{s-1}}{\sqrt{\mathrm{e}^{2x}-1}}\mathrm{d}x,\sigma > \dfrac{1}{2}$.

置换 $\mathrm{e}^{-x} = \sin\phi$ 与 $s=n$（n 为正整数）给出：

④ $D(n) = \dfrac{(-1)^{n-1}}{(n-1)!}\displaystyle\int_0^{\frac{\pi}{2}}(\log\sin\phi)^{n-1}\mathrm{d}\phi$.

级数 $\displaystyle\sum_{n=0}^{\infty}\frac{(\log\sin t)^n}{n!}x^n = (\sin t)^x$，对 $0 < x < \dfrac{1}{2}\pi$ 一致收敛，应用逐项积分，给出：

⑤ $\displaystyle\sum_{n=0}^{\infty}\frac{x^n}{n!}\int_0^{\frac{\pi}{2}}(\log\sin t)^n\mathrm{d}t = \sum_{n=0}^{\infty}(-1)^n D(n+1)x^n = \int_0^{\frac{\pi}{2}}(\sin t)^x\mathrm{d}t =$

$\dfrac{1}{2}\sqrt{\pi}\,\dfrac{\Gamma\left(\dfrac{1}{2}x+\dfrac{1}{2}\right)}{\Gamma\left(\dfrac{1}{2}x+1\right)},\ |x| < 1$.

同样我们求得：

⑥ $\displaystyle\sum_{n=0}^{\infty} D(n+1)x^n = \sqrt{\pi}\,\frac{1}{x}\tan\frac{1}{2}x\pi\,\frac{\Gamma\left(\frac{1}{2}x+1\right)}{\Gamma\left(\frac{1}{2}x+\frac{1}{2}\right)}.$

⑤ 与 ⑥ 相乘我们得：

⑦ $\displaystyle\sum_{n=0}^{\infty}(-1)^n D(n+1)x^n \sum_{n=0}^{\infty} D(n+1)x^n = \sum_{n=1}^{\infty}\frac{2^{2n}-1}{(2n)!}B_n\pi^{2n}x^{2n-2}.$

这里伯努力数 B_n 定自

$$\frac{1}{x}\tan\frac{1}{2}x\pi = 2\sum_{n=1}^{\infty}\frac{2^{2n}-1}{(2n)!}B_n\pi^{2n-1}x^{2n-2}$$

比较 ⑦ 的两边 x^{2n-2} 的系数我们得：

⑧ $D(1)D(2n-1) - D(2)D(2n-2) + \cdots + D(2n-1)D(1) = $
$\dfrac{2^{2n}-1}{(2n)!}\pi^{2n}B_n.$

上式是一个 D 的递归关系.

由狄利克雷级数得出

$$D(1) = \sum_{n=0}^{\infty}\frac{1\cdot 3\cdot\cdots\cdot(2n-1)}{2\cdot 4\cdot\cdots\cdot(2n)}-\frac{1}{2n+1} = \arcsin 1 = \frac{\pi}{2}$$

且由 ③

$$D(2) = -\int_0^{\frac{\pi}{2}}\log\sin t\,dt = \frac{1}{2}\pi\log 2$$

由 ⑧ 对 $n=2$ 我们求得

$$D(1)D(3) - D(2)D(2) + D(3)D(1) = \frac{\pi^4}{48}$$

因此

$$D(3) = \frac{\pi^3}{48} + \frac{1}{4}\pi(\log 2)^2 = \frac{1}{2}\int_0^{\frac{\pi}{2}}(\log\sin x)^2\,dx$$

故得

$$\int_0^{\pi}(\log\sin\phi)^2\,d\phi = \frac{1}{12}\pi^3 + \pi(\log 2)^2$$

另外的递推关系能由微分 ⑤ 得出,结果是：

⑨ $\displaystyle\sum_{n=1}^{\infty}(-1)^n nD(n+1)x^{n-1} = \frac{1}{2}\left[\psi\left(\frac{1}{2}x+\frac{1}{2}\right)-\psi\left(\frac{1}{2}x+1\right)\right]\cdot$

$\displaystyle\sum_{n=0}^{\infty}(-1)^n D(n+1)x^n.$

这里 $\psi(x) = \dfrac{\Gamma'(x)}{\Gamma(x)}.$

我们现在给出如下公式:

$$⑩\,\psi\left(\frac{1}{2}x+\frac{1}{2}\right)-\psi\left(\frac{1}{2}x+1\right)=-\log 4+2\sum_{n=1}^{\infty}(-1)^{n+1}\left(1-\frac{1}{2^n}\right)\zeta(n+1)x^n.$$

这里 $\zeta(n+1)=\sum_{k=1}^{\infty}k^{-n-1}$ 表示黎曼泽塔(Riemann zeta) 函数. 公式能按如下方式导出, 得麦克劳林 (Maclaurin) 公式之助, 把函数 $f(x)=\psi\left(\frac{1}{2}x+\frac{1}{2}\right)-\psi\left(\frac{1}{2}x+1\right)$ 表示成一级数, 且用下面熟知的伽玛(gamma) 函数论的结果

$$\psi(x)=\int_0^{\infty}\left(e^{-a}-\frac{ae^{-ax}}{1-e^{-a}}\right)\frac{1}{a}da$$

将 ⑩ 代入 ⑨ 得出

$$\sum_{n=1}^{\infty}(-1)^n nD(n+1)x^{n-1}=\left[-\log 2+\sum_{n=1}^{\infty}(-1)^{n+1}\left(1-\frac{1}{2^n}\right)\zeta(n+1)x^n\right]\cdot$$
$$\sum_{n=0}^{\infty}(-1)^n D(n+1)x^n$$

由此通过比较 x^{n-2} 的系数得出:

$$⑪\,(n-1)D(n)=D(n-1)\cdot\log 2+\sum_{k=1}^{n-2}\left(1-\frac{1}{2k}\right)\zeta(k+1)D(n-k-1).$$

由泽塔函数理论我们知道

$$\zeta(2m)=\frac{(2\pi)^{2m}}{4m(2m-1)!}B_m$$

不可能一个接一个的连续表示 D, 因为就"已知"常数来说对 $\zeta(2m+1)$ 的表示是不知道的, 但无论如何 D 能表示为关于正整数的泽塔函数, 因此

$$D(4)=\frac{1}{12}\pi(\log 2)^3+\frac{1}{48}\pi^3\cdot\log 2+\frac{1}{8}\pi\cdot\zeta(3)$$

$$D(5)=\frac{19}{11\,520}\pi^5+\frac{1}{96}\pi^3(\log 2)^2+\frac{1}{48}\pi(\log 2)^4+$$
$$\frac{1}{8}\pi\cdot\log 2\cdot\zeta(3)$$
$$\vdots$$

$(2)\,I_n=\int_0^1\frac{\log^{n+1}t}{\sqrt{1-t^2}}dt.$

$$y(\alpha)=\int_0^1\frac{t^{2\alpha-1}}{\sqrt{1-t^2}}dt=\frac{1}{2}\sqrt{\pi}\,\frac{\Gamma(\alpha)}{\Gamma\left(\alpha+\frac{1}{2}\right)}\quad(\alpha>0)$$

关于 α 求对数微分得

$$\frac{y'(\alpha)}{y(\alpha)} = \frac{\Gamma'(\alpha)}{\Gamma(\alpha)} - \frac{\Gamma'\left(\alpha+\frac{1}{2}\right)}{\Gamma\left(\alpha+\frac{1}{2}\right)} = G(\alpha)$$

其次对 $y' = yG$ 求 n 阶导数,由莱布尼兹(Leibniz)规则得:

① $y^{(n+1)} = y^{(n)}G + \binom{n}{1}y^{(n-1)}G^{(1)} + \cdots + yG^{(n)}.$

这里 $y^{(r)}$ 与 $G^{(r)}$ $(r \geqslant 1)$ 给自:

② $y^{(r)} = 2^r \int_0^1 \frac{t^{2\alpha-1}}{\sqrt{1-t^2}}\log^r t\, dt.$

③ $G^{(r)} = \frac{d^r}{d\alpha^r}\left\{\frac{\Gamma'(\alpha)}{\Gamma(\alpha)} - \frac{\Gamma'\left(\alpha+\frac{1}{2}\right)}{\Gamma\left(\alpha+\frac{1}{2}\right)}\right\}.$

④ $\quad = (-1)^{r+1}r!\left[\sum_{m=0}^{\infty}\frac{1}{(\alpha+m)^{r+1}} - \sum_{m=0}^{\infty}\frac{1}{\left(\alpha+\frac{1}{2}+m\right)^{r+1}}\right].$

方程 ④ 由 ③ 微分熟知的公式

$$\frac{\Gamma'(x)}{\Gamma(x)} - \frac{\Gamma'(y)}{\Gamma(y)} = \sum_{m=0}^{\infty}\left[\frac{1}{y+m} - \frac{1}{x+m}\right]$$

得出.

得出 ②,③,④ 需用到 ①,令 $\alpha = \frac{1}{2}$ 并注意

$$\frac{\Gamma'\left(\frac{1}{2}\right)}{\Gamma\left(\frac{1}{2}\right)} - \frac{\Gamma'(1)}{\Gamma(1)} = -2\log 2$$

我们得到递归公式

$$\int_0^1 \frac{\log^{n+1}t}{\sqrt{1-t^2}}dt = -\log 2\int_0^1 \frac{\log^n t}{\sqrt{1-t^2}}dt +$$

$$\sum_{r=1}^{n}\frac{(-1)^{r+1}}{2^{r+1}}\binom{n}{r}r!\left[\zeta(r+1,\frac{1}{2}) - \zeta(r+1)\right]\int_0^1 \frac{\log^{n-r}t}{\sqrt{1-t^2}}dt$$

这里 $\zeta(r,s) = \sum_{m=0}^{\infty}(m+s)^{-r}, \zeta(r,1) = \zeta(r).$

对 $n=0$ 我们得到熟知的结果

$$\int_0^1 \frac{\log t}{\sqrt{1-t^2}}dt = -\frac{1}{2}\pi\log 2$$

对 $n=1,2$，我们得

$$\int_0^1 \frac{\log^2 t}{\sqrt{1-t^2}} \mathrm{d}t = \frac{1}{2}\pi\log^2 2 + \frac{1}{4}\left\{\zeta\left(2,\frac{1}{2}\right) - \zeta(2)\right\} \cdot \frac{\pi}{2} =$$

$$\frac{\pi}{2}\log^2 2 + \frac{1}{4}\left\{\frac{1}{2}\pi^2 - \frac{1}{6}\pi^2\right\} \cdot \frac{\pi}{2} =$$

$$\frac{\pi}{2}\log^2 2 + \frac{1}{24}\pi^3$$

$$\int_0^1 \frac{\log^3 t}{\sqrt{1-t^2}} \mathrm{d}t = -\frac{1}{8}\pi\left\{\pi^2\log 2 + 4\log^2 2 + \zeta\left(3,\frac{1}{2}\right) - \zeta(3)\right\}$$

对 $n \geqslant 3$ 有类似的结果.

编者注 $\zeta(2) = \sum_{n=1}^{\infty} \frac{1}{n^2} = \frac{\pi^2}{6}$ 有如下一个初等证法：我们考虑 $\int_0^{\frac{\pi}{2}} \cos^{2n}t \, \mathrm{d}t$，两次分部积分可得

$$\int_0^{\frac{\pi}{2}} \cos^{2n}t \, \mathrm{d}t = \left[t\cos^{2n}t\right]\Big|_0^{\frac{\pi}{2}} + 2n\int_0^{\frac{\pi}{2}} t\cos^{2n-1}t\sin t \, \mathrm{d}t =$$

$$n(t^2\cos^{2n-1}t\sin t)\Big|_0^{\frac{\pi}{2}} -$$

$$n\int_0^{\frac{\pi}{2}} t\left[-(2n-1)t\cos^{2n-2}t\sin^2 t + t\cos^{2n}t\right]\mathrm{d}t =$$

$$-2n^2\int_0^{\frac{\pi}{2}} t^2\cos^{2n}t \, \mathrm{d}t + n(2n-1)\int_0^{\frac{\pi}{2}} t^2\cos^{2n-2}t \, \mathrm{d}t =$$

$$-2n^2 I_{2n} + n(2n-1)I_{2n-2}$$

这里 $I_{2n} = \int_0^{\frac{\pi}{2}} t^2\cos^{2n}t \, \mathrm{d}t$. 因此

$$-2n^2 I_{2n} + n(2n-1)I_{2n-2} = \int_0^{\frac{\pi}{2}} \cos^{2n}t \, \mathrm{d}t$$

熟知

$$\int_0^{\frac{\pi}{2}} \cos^{2n}t \, \mathrm{d}t = \frac{(2n-1)!!}{(2n)!!} \cdot \frac{\pi}{2}$$

这里

$$(2n)!! = 2 \cdot 4 \cdot \cdots \cdot (2n-2) \cdot 2n, 0!! = 1$$

$$(2n+1)!! = 1 \cdot 3 \cdot \cdots \cdot (2n-1) \cdot (2n+1), (-1)!! = 1$$

因此

$$-2n^2 I_{2n} + n(2n-1)I_{2n-2} = \frac{(2n-1)!!}{(2n)!!} \cdot \frac{\pi}{2}$$

$$\frac{(2n)!!}{(2n-1)!!}I_{2n}-\frac{(2n-2)!!}{(2n-3)!!}I_{2n-2}=-\frac{\pi}{4}\cdot\frac{1}{n^2}$$

这可推出

$$\frac{(2n)!!}{(2n-1)!!}I_{2n}-\frac{0!!}{(-1)!!}I_0=$$

$$\sum_{k=1}^{n}\left[\frac{(2k)!!}{(2k-1)!!}I_{2k}-\frac{(2k-2)!!}{(2k-3)!!}I_{2k-2}\right]=-\frac{\pi}{4}\sum_{k=1}^{n}\frac{1}{k^2}$$

因此

$$\frac{(2n)!!}{(2n-1)!!}I_{2n}=\frac{\pi^3}{24}-\frac{\pi}{4}\sum_{k=1}^{n}\frac{1}{k^2}=\frac{\pi}{4}\left[\frac{\pi^2}{6}-\sum_{k=1}^{n}\frac{1}{k^2}\right]$$

故只需证

$$\lim_{n\to\infty}\frac{(2n)!!}{(2n-1)!!}I_{2n}=0 \tag{1}$$

我们有

$$I_{2n}=\int_0^{\frac{\pi}{2}}t^2\cos^{2n}t\,dt\leqslant\left(\frac{\pi}{2}\right)^2\int_0^{\frac{\pi}{2}}\sin^2t\cos^{2n}t\,dt=$$

$$\frac{\pi^2}{4}\left[\int_0^{\frac{\pi}{2}}\cos^{2n}t\,dt-\int_0^{\frac{\pi}{2}}\cos^{2n+2}t\,dt\right]=$$

$$\frac{\pi^3}{8}\left[\frac{(2n-1)!!}{(2n)!!}-\frac{(2n+1)!!}{(2n+2)!!}\right]=\frac{\pi^3}{8}\cdot\frac{(2n-1)!!}{(2n+2)!!}$$

所以

$$0<\frac{(2n)!!}{(2n-1)!!}I_{2n}\leqslant\frac{\pi^3}{8}\cdot\frac{1}{2n+2}$$

故式(1)成立,因此公式被证.

❼❸ 求 $I=\displaystyle\int_0^{\infty}\frac{x^m\,dx}{x^n+a}$,这里 $a>0$,n 为偶整数且大于等于 2,m 为非负偶整数且小于等于 $n-2$.

解　取周道 C 由实轴上的自 $x=0$ 到 $x=R$ 的线段,与沿圆 $|z|=R$ 到射线 $\arg z=\exp\dfrac{2\pi i}{n}$ 的弧,以及沿这条射线到原点的线段所组成.因此对充分大的 R,周道 C 正好包含 z^2+a 的一个零,这里 n 是正整数,就是 $z_1=a^{\frac{1}{n}}\exp\dfrac{\pi i}{n}$,所以我们有

$$\int_C\frac{z^m\,dz}{z^n+a}=\frac{2\pi i z_1^m}{nz_1^{n-1}}=\frac{2\pi i}{na^{\frac{n-m-1}{n}}\exp\dfrac{(n-m-1)\pi i}{n}}$$

像通常一样把围绕 C 的积分写为三个积分之和,其中沿射线 $z = r\exp\dfrac{2\pi i}{n}$ 的积分可以写为

$$\int_R^0 \frac{r^m \exp\dfrac{(m+1)2\pi i}{n}}{r^n + a}\mathrm{d}r = -\int_0^R \frac{x^m \exp\dfrac{(m+1)2\pi i}{n}}{x^n + a}\mathrm{d}x$$

联合沿实轴上 $x = 0$ 到 $x = R$ 的积分,并令 $R \to \infty$,我们有,对 $0 < m+1 < n$

$$\int_0^\infty \frac{x^m \mathrm{d}x}{x^n + a} = \frac{2\pi i}{\left[1 - \exp\dfrac{(m+1)2\pi i}{n}\right] n a^{\frac{n-m-1}{n}} \exp\dfrac{(n-m-1)\pi i}{n}} =$$

$$\frac{\pi}{n a^{\frac{n-m-1}{n}} \sin\dfrac{(m+1)\pi}{n}}$$

编辑手记

　　本卷是关于留数定理和儒歇定理的,这是古典分析中两个完美而又应用较为广泛的定理.先说留数.

　　留数又称残数,是复变函数论中的一个重要概念.解析函数 $f(z)$ 在孤立奇点 $z=z_0$ 处的洛朗展开式 $f(z)=\sum\limits_{n=-\infty}^{+\infty}c_n(z-z_0)^n$ 中,$(z-z_0)^{-1}$ 项的系数 c_{-1} 称为 $f(z)$ 在 $z=z_0$ 处的留数.

　　留数的概念是由法国数学家柯西提出的.他在 1814 年于巴黎科学院宣读的论文《关于定积分理论的报告》(1827 年发表)中,已经涉及这个概念.对留数较完整的论述是在他 1825 年的论文《关于积分线为虚数的定积分》(1874 年发表)中给出的.第二年他提出了积分留数的术语,并指出 $f(z)$ 在 z_0 处的留数就是 $f(z)$ 在 z_0 的洛朗展式中 $(z-z_0)^{-1}$ 项的系数.到 1841 年,他建立了留数的积分表达式

$$F(z_0)=E[f(z)]_{z_0}=\frac{1}{2\pi \mathrm{i}}\int_{\Gamma}f(z)\mathrm{d}z$$

其中积分路径 Γ 表示以 z_0 为中心的小圆.1846 年,柯西又指出,如果曲线 Γ 包围着一些极点,那么积分 $\int_{\Gamma}f(z)\mathrm{d}z$ 的值等于 $f(z)$ 在这些极点处的留数之和的 $2\pi \mathrm{i}$ 倍,即

$$\int_{\Gamma}f(z)\mathrm{d}z=2\pi \mathrm{i}E[f(z)]$$

其中 $E[f(z)]$ 是柯西用以表示留数之和的记号,这个结果被称为留数定理. 留数定理在复变函数论中有广泛的应用,例如利用它可以计算一些较复杂的定积分.

下面再来说儒歇定理. 先看一个例子.

设 $f = z^n + a_{n-1}z^{n-1} + \cdots + a_1z + a_0$ 是复系数多项式. 证明:存在 $z \in \mathbf{C}$, 使得 $|z| = 1$ 且 $|f(z)| \geqslant 1$.

此题是 1992 年的罗马尼亚数学奥林匹克试题,它的一般证法是:

考虑多项式

$$z^{n+1} + a_{n-1}z^n + a_{n-2}z^{n-1} + \cdots + a_1z^2 + a_0z$$

令

$$\varepsilon^k = \cos\frac{2k\pi}{n+1} + i\sin\frac{2k\pi}{n+1} \quad (k = 0,1,2,\cdots,n)$$

则

$$1f(1) = 1 + a_{n-1} + a_{n-2} + \cdots + a_1 + a_0$$

$$\varepsilon f(\varepsilon) = 1 + a_{n-1}\varepsilon^n + a_{n-2}\varepsilon^{n-1} + \cdots + a_1\varepsilon^2 + a_0\varepsilon$$

$$\varepsilon^2 f(\varepsilon^2) = 1 + a_{n-1}\varepsilon^{2n} + a_{n-2}\varepsilon^{2(n-1)} + \cdots + a_1\varepsilon^{2\times2} + a_0\varepsilon^2$$

$$\vdots$$

$$\varepsilon^n f(\varepsilon^n) = 1 + a_{n-1}\varepsilon^{nn} + a_{n-2}\varepsilon^{n(n-1)} + \cdots + a_1\varepsilon^{n\times2} + a_0\varepsilon^n$$

把上述 $n+1$ 个等式相加便得

$$f(1) + \varepsilon f(\varepsilon) + \cdots + \varepsilon^n f(\varepsilon^n) =$$

$$n + 1 + a_{n-1}\sum_{k=0}^{n}(\varepsilon^n)^k + a_{n-2}\sum_{k=0}^{n}(\varepsilon^{n-1})^k + \cdots + a_0\sum_{k=0}^{n}\varepsilon^k = n+1$$

从而

$$|f(1)| + |f(\varepsilon)| + |f(\varepsilon^2)| + \cdots + |f(\varepsilon^n)| =$$

$$|f(1)| + |\varepsilon f(\varepsilon)| + |\varepsilon^2 f(\varepsilon^2)| + \cdots + |\varepsilon^n f(\varepsilon^n)| \geqslant$$

$$|f(1) + \varepsilon f(\varepsilon) + \cdots + \varepsilon^n f(\varepsilon^n)| = n+1$$

于是存在 $z = \varepsilon^k (0 \leqslant k \leqslant n)$,使得

$$|f(z)| \geqslant 1$$

显然,上述的 z 满足条件 $|z| = 1$.

笔者在 20 世纪 90 年代曾用 $n=4$ 时的特例当作哈尔滨市高中生数学竞赛

的试题,结果很不理想,没有几个学生能证出来.

如果从复变函数的观点看,还可以有一个简单的证法.设 $g(z)=z^n$,假设 $\forall z \in \mathbf{C}$,$|z|=1$,均有 $|f(z)|<1$,则在 $|z|=1$ 上,恒有 $|g(z)|>|f(z)|$.由儒歇定理,$f(z)-g(z)$ 与 $g(z)$ 在 $|z|<1$ 上有相同的零点个数.

因为 $g(z)$ 有 n 个零点,故 $f(z)-g(z)$ 也有 n 个零点,但 $f(z)-g(z)$ 是一个 $n-1$ 次多项式,它在 $|z|<1$ 上至多只有 $n-1$ 个零点,矛盾.因此至少存在一点 $z \in \mathbf{C}$,$|z|=1$,使得 $|f(z)|\geqslant 1$.

由此可见,站得高确实可以看得远.

下面我们再来介绍一下书名中出现的苏联数学家普里瓦洛夫(Привалов, Иван Иванович,1891—1941). 他生于下罗莫夫(Нижний Ломов,现在的奔萨州(Пензенская область)内),1913 年毕业于莫斯科大学,先后在萨拉托夫大学、莫斯科大学和莫斯科空军工程学院工作.1918 年获物理数学博士学位并成为教授.1939 年被选为苏联科学院通讯院士.普里瓦洛夫的主要贡献在函数论和微分方程等方面.有许多著名的结果是和卢津共同得到的.他们应用实变函数论中的方法研究了解析函数的边界性质,解决了某些边界问题.在 1918 年的博士论文《柯西积分》(Интеграл Коши)中,提出了卢津—普里瓦洛夫唯一性定理,证明了柯西积分的基本引理和关于奇异积分的定理.他的工作奠定了俄国单叶函数理论研究的基础.共发表论著 70 多种,其中最著名的有《复变函数引论》(Введение В теорию функций комплексного переменного,有中译本,上册,高等教育出版社,1953;下册,商务印书馆,1953)和《解析几何学》(Аналитическая геометрия,有中译本,高等教育出版社,1956)等.

编写本书所依据的蓝本是李锐夫和程其襄所编的《复变函数论》(人民教育出版社).

李锐夫 1929 年毕业于中央大学,历任重庆大学等校教授,英国牛津大学访问学者.1952 年由复旦大学调任华东师范大学副教务长,兼数学系教授,多届全国人大代表,专长复变函数论.

李锐夫教授这本教材自 1960 年 3 月出版之后即成为经典教材,被多所学校使用.1979 年再版时作者写道:本书出版以来已近二十年.人民教育出版社决定再版发行. 我们的同事张奠宙、曹伟傑、宋国栋、戴崇基等同志通过多年采用这本书的教学实践,提出意见,协助修改,每章增添若干较易的习题,且将全部习题演算一遍,编出习题答案附在书末. 特此致谢.

原书计划作为高等师范院校数学系的《复变函数论》教材,86 学时授完.

1960 年前后,有多部复变函数论教材出版,还有一本较深入的是赵进义编著的《复变数函数论》. 不过它是作为函数论专门化课程所使用的,是由熊庆来、李国平两位老先生审阅的,印数只有 8 000 册,是前者的 $\frac{1}{10}$.

教材编写的时代背景是这样的:1951 年 10 月 16 日,华东师范大学正式成立,数学系也随之诞生. 数学系初建时资深教师只有原大夏大学的施孔成教授和徐春霆副教授.1952 年秋,全国实行院系大调整,浙江大学、交通大学、同济大学等改制为工科大学,停办理科,圣约翰大学则撤销并入华东师范大学. 在这个背景下,李锐夫教授来到华东师范大学并编写了《复变函数论》讲义.

李锐夫教授的这本教材有一个优点是既讲了复变函数的应用又讲了复变函数的历史. 后来这班人马还翻译了波利亚和舍贵的名著《分析中的问题和定理》. 一经出版便风靡全国,成为当时学数学之人的必备用书. 本工作室有意将其再版,但当时印刷的量实在太大了,充斥二手书店,估计还要再等些日子. 不过李锐夫教授的简史写得很好. 附于后:

1545 年卡丹(H. Cardan,1501—1576)虽然已经正式开始应用虚数,他将 40 分解为共轭复数因子 $5 \pm \sqrt{-15}$,但虚数与复数的普遍应用则从 18 世纪开始. 瓦利斯(J. Wallis,1616—1703)第一个将复数 $a+ib$ 用笛卡儿坐标平面上一点 (a,b) 来表示. 其后 1797 年韦塞尔(C. Wessel,1745—1818)和 1806 年阿尔冈(J. R. Argand,1768—1822)独立继续完成了瓦利斯的表示法.1831 年高斯(C. F. Gauss,1777—1855)和 1837 年哈密尔顿(W. R. Hamilton,1805—1865)定义复数 $a+ib$ 为一对实数 (a,b). 因此一个复数可以作为一对实数来处理. 由于这样,复数的理论转变为一对实数的理论,而对复数的算术运算没有另创新假设的必要.

将 $z=x+iy$ 作为独立复变数来考虑函数 $w=f(z)$,这叫作复变函数. w 可以写成 $P(x,y)+iQ(x,y)$ 的形式,其中 $P(x,y),Q(x,y)$ 是实变数 x,y 的一对实变函数. 这样定义的复变函数, 如果没有加以限制, 其范围太广阔, 不容易掌握其性质. 所以复变函数中, 我们限于研究解析函数.

解析函数论的发展源自 18 世纪的数学家. 欧拉在这方面有很多的贡献, 虽然到了今天, 还有其价值. 第一个在这方面希望树立系统理论的是拉格朗日, 他想利用幂级数的工具来发展关于解析函数的全部理论, 但是没有成功. 因为在当时关于极限运算的理论还没有达到完善, 对级数的运算不能正确地掌握. 所以当时关于解析函数的许多结果并不完全可靠. 不过高斯给出若干结果, 其证明方法已经达到近代的水平.

1821 年, 柯西的伟大著作《分析学教程》(*Cours d'Analyse*) 出版, 修改了数学分析中许多定理和定理的证明. 柯西批判了过去许多错误的结果, 创设了若干法则, 使级数的运算可以完全无误. 他将所有数学的叙述加以严密的数学证明. 柯西将一个复变函数 $f(z)$ 视作复变数 z 的一元函数来研究. 1814 年, 他开始定义正则函数为导数存在且连续. 一直经过 86 年, 始由古尔萨(E. Goursat, 1858—1936) 免去了导数为连续的条件. 由于单值解析函数和共轭调和函数的同一性, 柯西导出其著名的积分定理, 从而有系统地发展了复变函数的积分. 他是第一个对复变函数做出系统理论的数学家, 所以被称为复变数函数论的创造者. 19 世纪 30 年代, 阿贝尔(N. H. Abel, 1802—1829) 与雅可比(C. G. J. Jacobi, 1804—1851) 发现了椭圆函数, 柯西的理论得到进一步的发展, 其中特别是刘维尔, 利用柯西的分析以及他自己的著名定理, 更把椭圆函数推进一步. 这是第一个应用复变函数论去系统地发展一种特殊函数论的成功结果.

黎曼定义正则函数从比较 $\dfrac{\mathrm{d}w}{\mathrm{d}z}$ 与 $\dfrac{\mathrm{d}y}{\mathrm{d}x}$ 出发, 其中 y 是 x 的实变函数. $\dfrac{\mathrm{d}y}{\mathrm{d}x}$ 的存在只需当 Δx 经过实数趋近于零时, $\dfrac{\Delta y}{\Delta x}$ 的极限存在. 但 $\dfrac{\mathrm{d}w}{\mathrm{d}z}$ 的存在要求 $\dfrac{\Delta w}{\Delta z}$ 的极限当 Δz 以任何方式趋近于零时皆为存在. 因此黎曼定义正则函数为当且仅当 $\dfrac{\mathrm{d}w}{\mathrm{d}z}$ 的值与微分 $\mathrm{d}z$ 无关. 由于这样, 1846 年, 他得到所谓的柯西—黎曼微分方程. 黎曼的工作不仅使柯西的理论更加完善, 而且奠定了函数的几何理论基础, 给出保形映射的基本定理及调和函数的物理解释. 他是一位数学家, 又是一位数学物理学家. 从单值解析函数推广到多值函数, 他创造了黎曼曲面的概念, 不仅对研究多值函数起了极大的作用, 而且给出了近代拓扑学的雏形. 黎曼由复数面的适宜推广, 导出关于多值函数单值化的美丽而艰深的问题, 代数函数论的系统与模函数的理论从而得以建立.

在此必须附带指出, 18 世纪的力学曾经推动了复变函数论的进展. 柯西 — 黎曼微分方程早在 1746 年已经露面. 1746 年的达朗贝尔 (J. le R. D'Alembert, 1717—1783), 1749 年的欧拉, 1762 年的拉格朗日给出当 $f(x+iy)=P+iQ$, 则 $f(x-iy)=P-iQ$, $\dfrac{\partial P}{\partial x}=\dfrac{\partial Q}{\partial y}$, $\dfrac{\partial P}{\partial y}=-\dfrac{\partial Q}{\partial x}$. 拉格朗日在研究水力学问题中曾经遇到这些方程, 并且得到下列形式的解

$$P=iF(x+iy)-iG(x-iy), Q=F(x-iy)+G(x-iy)$$

由此自然地引导到求复变函数 F, G 的积分. 1743 年, 克莱罗 (A. C. Clairaut, 1713—1765) 已指出当 C 是闭周线及 $\dfrac{\partial Q}{\partial x}=\dfrac{\partial P}{\partial y}$ 时, 积分 $\displaystyle\int_C P\mathrm{d}x+Q\mathrm{d}y$ 的值为零. 高斯曾说他已经得到关于下列定理的证明: "函数绕一闭周线一周的积分值为零, 如果被积函数在周线内其值不为无穷大". 这是在柯西发表其积分定理以前十四年.

柯西的理论是建立在几何的直观上. 魏尔斯特拉斯放弃了几何观点, 给出复变函数的严格算术理论. 虽然他的成果很迟才发表, 但他对 19 世纪数学分析的影响, 除了柯西外, 比任何人都大. 从 1857 年到 1890 年, 魏尔斯特拉斯执教于柏林大学, 指导他的学生们从事于他的新分析学研究, 树立了魏尔斯特拉斯学派. 他用他关于数的系统理论作为基础, 采用幂级数为工具, 定义正则函数为可以展开为幂级数的函数. 多项式与有理函数是最简单的函数. 魏尔斯特拉斯利用多项式与有理函数的理论将其推广到超越函数, 利用函数的奇点来研究广大函数的性质.

用幂级数来定义超越整函数就是从多项式推广而来的. 魏尔斯特拉斯得出关于整函数分解为无穷乘积的基本定理. 半纯函数的研究是从有理函数推广而来的, 他证明了半纯函数可以表为两个整函数的商的定理. 依照有理函数分解为部分分式的方法, 1882 年, 魏尔斯特拉斯的学生米塔 — 莱弗勒 (Mittag-Leffler, 1846—1927) 给出半纯函数分解为部分分式定理. 魏尔斯特

拉斯更利用他的方法,创造出最简单椭圆函数,就是所谓魏尔斯特拉斯 P 函数,并给出其系统的理论.

魏尔斯特拉斯的另一个伟大贡献是解析开拓.利用解析开拓定义完全解析函数.柯西的方法是限于研究完全解析函数的所谓单值分支,必须通过解析开拓才能和魏尔斯特拉斯的理论统一起来.

19 世纪 50 年代已经有足够的分析工具以研究许多特殊函数.泰勒展开式对某些函数,例如柱贝塞尔函数,就无能为力.洛朗给出了洛朗展开式,弥补了这个缺点.

在 19 世纪末叶,黎曼和魏尔斯特拉斯的继承者成为两个不同的学派. 1870 年,康托(G. Cantor,1845—1918)创造了集合论,使柯西和黎曼的理论得到和魏尔斯特拉斯的理论同样坚实的基础,从而使函数论更向前推进一步.

总之,从 19 世纪末叶以来,解析函数论推动了微分方程论,同时由各种微分方程又定义出各种特殊解析函数,进而研究其性质与应用.在另一方面建立了平面区域以及黎曼曲面上的区域的保形映射,多值函数的单值化理论.由于级与类的概念的提出,整函数与半纯函数的研究大大地向前推进了.1879 年,毕卡(E. Picard,1856—1941)提出了他的第一定理和第二定理,奠定了整函数和半纯函数值分布理论的基础.毕卡证明他的定理是用椭圆模函数这个工具.椭圆模函数是这个时期分析学的中心之一.其后数学家试图用初等方法来证明.1896 年,波莱尔(Borel)完成了这个初等证明.在波莱定理的基础上,夏特基(Schottky)和朗道(Landau)分别给出了他们的定理.但他们原来亦都是用椭圆模函数来证明的.抽象空间理论推进了正规族概念的发展.将这个概念引入函数论中,对许多定理的证明起了很大的作用.这个概念虽然由斯蒂吉斯(Stieltjes,1856—1894)最先提出,但第一个给它以正确的定义并指出其应用的是蒙代尔(Montel).1919 年,茹利亚(Julia)用正规族的理论又得出关于整函数的所谓茹利亚方向,开创了整函数的辐角分布理论.1925 年,芬兰数学家奈望林纳(R. Nevanlinna)发表了一个新的理论,使半纯函数的理论大放异彩,同时亦使整函数的理论旧貌变新颜.在这方面,我国的学者熊庆来、庄圻泰、杨乐、张广厚等先后都做出了贡献.关于无限级整函数,熊庆来继布鲁门萨尔(Blumenthal)、瓦利隆(Valiron)之后,于 1933 年提出了更精确的无限级概念.另一方面,正规族的理论又刺激保形映射理论及复变函数构造论的成长.
保形映射又推进了单叶函数的研究.另外,多变量解析函数的研究亦是近年的
新方向.

作家麦家落户杭州.有记者问:"近十年来浙江几乎没有出什么大家,也几
乎没像陕西、河南那样出那么有影响的文学作品,这是否与浙江市场经济太发
达有关."

麦家回答说:"这个话题极深刻,让我想起文学评论家,中山大学最年轻的
博导谢有顺的一番话.他在谈文学时曾经谈到苦难的敏感度,文学需要正义,
需要卓尔不群,需要快意恩仇,需要铁肩担道义,需要感恩和敬畏.这些文学的
内涵往往与作家自身经历的磨难有关.我相信'梅花香自苦寒来',同样也是文
学的规律."

这更是学习数学的规律,苦读加多做题一定会使你变得卓尔不群.

刘培杰

2014 年 11 月 11 日

于哈工大

哈尔滨工业大学出版社刘培杰数学工作室
已出版(即将出版)图书目录

书　名	出版时间	定　价	编号
新编中学数学解题方法全书(高中版)上卷	2007—09	38.00	7
新编中学数学解题方法全书(高中版)中卷	2007—09	48.00	8
新编中学数学解题方法全书(高中版)下卷(一)	2007—09	42.00	17
新编中学数学解题方法全书(高中版)下卷(二)	2007—09	38.00	18
新编中学数学解题方法全书(高中版)下卷(三)	2010—06	58.00	73
新编中学数学解题方法全书(初中版)上卷	2008—01	28.00	29
新编中学数学解题方法全书(初中版)中卷	2010—07	38.00	75
新编中学数学解题方法全书(高考复习卷)	2010—01	48.00	67
新编中学数学解题方法全书(高考真题卷)	2010—01	38.00	62
新编中学数学解题方法全书(高考精华卷)	2011—03	68.00	118
新编平面解析几何解题方法全书(专题讲座卷)	2010—01	18.00	61
新编中学数学解题方法全书(自主招生卷)	2013—08	88.00	261
数学眼光透视	2008—01	38.00	24
数学思想领悟	2008—01	38.00	25
数学应用展观	2008—01	38.00	26
数学建模导引	2008—01	28.00	23
数学方法溯源	2008—01	38.00	27
数学史话览胜	2008—01	28.00	28
数学思维技术	2013—09	38.00	260
从毕达哥拉斯到怀尔斯	2007—10	48.00	9
从迪利克雷到维斯卡尔迪	2008—01	48.00	21
从哥德巴赫到陈景润	2008—05	98.00	35
从庞加莱到佩雷尔曼	2011—08	138.00	136
数学奥林匹克与数学文化(第一辑)	2006—05	48.00	4
数学奥林匹克与数学文化(第二辑)(竞赛卷)	2008—01	48.00	19
数学奥林匹克与数学文化(第二辑)(文化卷)	2008—07	58.00	36'
数学奥林匹克与数学文化(第三辑)(竞赛卷)	2010—01	48.00	59
数学奥林匹克与数学文化(第四辑)(竞赛卷)	2011—08	58.00	87
数学奥林匹克与数学文化(第五辑)	2015—06	98.00	370

哈尔滨工业大学出版社刘培杰数学工作室
已出版(即将出版)图书目录

书 名	出版时间	定 价	编号
世界著名平面几何经典著作钩沉——几何作图专题卷(上)	2009—06	48.00	49
世界著名平面几何经典著作钩沉——几何作图专题卷(下)	2011—01	88.00	80
世界著名平面几何经典著作钩沉(民国平面几何老课本)	2011—03	38.00	113
世界著名平面几何经典著作钩沉(建国初期平面三角老课本)	2015—08	38.00	507
世界著名解析几何经典著作钩沉——平面解析几何卷	2014—01	38.00	273
世界著名数论经典著作钩沉(算术卷)	2012—01	28.00	125
世界著名数学经典著作钩沉——立体几何卷	2011—02	28.00	88
世界著名三角学经典著作钩沉(平面三角卷Ⅰ)	2010—06	28.00	69
世界著名三角学经典著作钩沉(平面三角卷Ⅱ)	2011—01	38.00	78
世界著名初等数论经典著作钩沉(理论和实用算术卷)	2011—07	38.00	126
发展空间想象力	2010—01	38.00	57
走向国际数学奥林匹克的平面几何试题诠释(上、下)(第1版)	2007—01	68.00	11,12
走向国际数学奥林匹克的平面几何试题诠释(上、下)(第2版)	2010—02	98.00	63,64
平面几何证明方法全书	2007—08	35.00	1
平面几何证明方法全书习题解答(第1版)	2005—10	18.00	2
平面几何证明方法全书习题解答(第2版)	2006—12	18.00	10
平面几何天天练上卷·基础篇(直线型)	2013—01	58.00	208
平面几何天天练中卷·基础篇(涉及圆)	2013—01	28.00	234
平面几何天天练下卷·提高篇	2013—01	58.00	237
平面几何专题研究	2013—07	98.00	258
最新世界各国数学奥林匹克中的平面几何试题	2007—09	38.00	14
数学竞赛平面几何典型题及新颖解	2010—07	48.00	74
初等数学复习及研究(平面几何)	2008—09	58.00	38
初等数学复习及研究(立体几何)	2010—06	38.00	71
初等数学复习及研究(平面几何)习题解答	2009—01	48.00	42
几何学教程(平面几何卷)	2011—03	68.00	90
几何学教程(立体几何卷)	2011—07	68.00	130
几何变换与几何证题	2010—06	88.00	70
计算方法与几何证题	2011—06	28.00	129
立体几何技巧与方法	2014—04	88.00	293
几何瑰宝——平面几何500名题暨1000条定理(上、下)	2010—07	138.00	76,77
三角形的解法与应用	2012—07	18.00	183
近代的三角形几何学	2012—07	48.00	184
一般折线几何学	2015—08	48.00	203
三角形的五心	2009—06	28.00	51
三角形的六心及其应用	2015—10	68.00	542
三角形趣谈	2012—08	28.00	212
解三角形	2014—01	28.00	265
三角学专门教程	2014—09	28.00	387

哈尔滨工业大学出版社刘培杰数学工作室
已出版（即将出版）图书目录

书　名	出版时间	定　价	编号
距离几何分析导引	2015－02	68.00	446
圆锥曲线习题集(上册)	2013－06	68.00	255
圆锥曲线习题集(中册)	2015－01	78.00	434
圆锥曲线习题集(下册)	即将出版		
近代欧氏几何学	2012－03	48.00	162
罗巴切夫斯基几何学及几何基础概要	2012－07	28.00	188
罗巴切夫斯基几何学初步	2015－06	28.00	474
用三角、解析几何、复数、向量计算解数学竞赛几何题	2015－03	48.00	455
美国中学几何教程	2015－04	88.00	458
三线坐标与三角形特征点	2015－04	98.00	460
平面解析几何方法与研究(第1卷)	2015－05	18.00	471
平面解析几何方法与研究(第2卷)	2015－06	18.00	472
平面解析几何方法与研究(第3卷)	2015－07	18.00	473
解析几何研究	2015－01	38.00	425
初等几何研究	2015－02	58.00	444
俄罗斯平面几何问题集	2009－08	88.00	55
俄罗斯立体几何问题集	2014－03	58.00	283
俄罗斯几何大师——沙雷金论数学及其他	2014－01	48.00	271
来自俄罗斯的5000道几何习题及解答	2011－03	58.00	89
俄罗斯初等数学问题集	2012－05	38.00	177
俄罗斯函数问题集	2011－03	38.00	103
俄罗斯组合分析问题集	2011－01	48.00	79
俄罗斯初等数学万题选——三角卷	2012－11	38.00	222
俄罗斯初等数学万题选——代数卷	2013－08	68.00	225
俄罗斯初等数学万题选——几何卷	2014－01	68.00	226
463个俄罗斯几何老问题	2012－01	28.00	152
超越吉米多维奇.数列的极限	2009－11	48.00	58
超越普里瓦洛夫.留数卷	2015－01	28.00	437
超越普里瓦洛夫.无穷乘积与它对解析函数的应用卷	2015－05	28.00	477
超越普里瓦洛夫.积分卷	2015－06	18.00	481
超越普里瓦洛夫.基础知识卷	2015－06	28.00	482
超越普里瓦洛夫.数项级数卷	2015－07	38.00	489
初等数论难题集(第一卷)	2009－05	68.00	44
初等数论难题集(第二卷)(上、下)	2011－02	128.00	82,83
数论概貌	2011－03	18.00	93
代数数论(第二版)	2013－08	58.00	94
代数多项式	2014－06	38.00	289
初等数论的知识与问题	2011－02	28.00	95
超越数论基础	2011－03	28.00	96
数论初等教程	2011－03	28.00	97
数论基础	2011－03	18.00	98
数论基础与维诺格拉多夫	2014－03	18.00	292
解析数论基础	2012－08	28.00	216
解析数论基础(第二版)	2014－01	48.00	287
解析数论问题集(第二版)	2014－05	88.00	343

哈尔滨工业大学出版社刘培杰数学工作室
已出版(即将出版)图书目录

书　名	出版时间	定　价	编号
数论入门	2011—03	38.00	99
代数数论入门	2015—03	38.00	448
数论开篇	2012—07	28.00	194
解析数论引论	2011—03	48.00	100
Barban Davenport Halberstam 均值和	2009—01	40.00	33
基础数论	2011—03	28.00	101
初等数论100例	2011—05	18.00	122
初等数论经典例题	2012—07	18.00	204
最新世界各国数学奥林匹克中的初等数论试题(上、下)	2012—01	138.00	144,145
初等数论(Ⅰ)	2012—01	18.00	156
初等数论(Ⅱ)	2012—01	18.00	157
初等数论(Ⅲ)	2012—01	28.00	158
平面几何与数论中未解决的新老问题	2013—01	68.00	229
代数数论简史	2014—11	28.00	408
代数数论	2015—09	88.00	532
数论导引提要及习题解答	2016—01	48.00	559

书　名	出版时间	定　价	编号
谈谈素数	2011—03	18.00	91
平方和	2011—03	18.00	92
复变函数引论	2013—10	68.00	269
伸缩变换与抛物旋转	2015—01	38.00	449
无穷分析引论(上)	2013—04	88.00	247
无穷分析引论(下)	2013—04	98.00	245
数学分析	2014—04	28.00	338
数学分析中的一个新方法及其应用	2013—01	38.00	231
数学分析例选:通过范例学技巧	2013—01	88.00	243
高等代数例选:通过范例学技巧	2015—06	88.00	475
三角级数论(上册)(陈建功)	2013—01	38.00	232
三角级数论(下册)(陈建功)	2013—01	48.00	233
三角级数论(哈代)	2013—06	48.00	254
三角级数	2015—07	28.00	263
超越数	2011—03	18.00	109
三角和方法	2011—03	18.00	112
整数论	2011—05	38.00	120
从整数谈起	2015—10	18.00	538
随机过程(Ⅰ)	2014—01	78.00	224
随机过程(Ⅱ)	2014—01	68.00	235
算术探索	2011—12	158.00	148
组合数学	2012—04	28.00	178
组合数学浅谈	2012—03	28.00	159
丢番图方程引论	2012—03	48.00	172
拉普拉斯变换及其应用	2015—02	38.00	447
高等代数.上	2016—01	38.00	548
高等代数.下	2016—01	38.00	549
数学解析教程.上卷.1	2016—01	58.00	546
数学解析教程.上卷.2	2016—01	38.00	553
函数构造论.上	2016—01	38.00	554
函数构造论.下	即将出版		555
数与多项式	2016—01	38.00	558
概周期函数	2016—01	48.00	572
变叙的项的极限分布律	2016—01	18.00	573

哈尔滨工业大学出版社刘培杰数学工作室
已出版（即将出版）图书目录

书　名	出版时间	定　价	编号
同余理论	2012—05	38.00	163
[x]与{x}	2015—04	48.00	476
极值与最值.上卷	2015—06	38.00	486
极值与最值.中卷	2015—06	38.00	487
极值与最值.下卷	2015—06	28.00	488
整数的性质	2012—11	38.00	192
多项式理论	2015—10	88.00	541
历届美国中学生数学竞赛试题及解答(第一卷)1950—1954	2014—07	18.00	277
历届美国中学生数学竞赛试题及解答(第二卷)1955—1959	2014—04	18.00	278
历届美国中学生数学竞赛试题及解答(第三卷)1960—1964	2014—06	18.00	279
历届美国中学生数学竞赛试题及解答(第四卷)1965—1969	2014—06	28.00	280
历届美国中学生数学竞赛试题及解答(第五卷)1970—1972	2014—06	18.00	281
历届美国中学生数学竞赛试题及解答(第七卷)1981—1986	2015—01	18.00	424
历届 IMO 试题集(1959—2005)	2006—05	58.00	5
历届 CMO 试题集	2008—09	28.00	40
历届中国数学奥林匹克试题集	2014—10	38.00	394
历届加拿大数学奥林匹克试题集	2012—08	38.00	215
历届美国数学奥林匹克试题集:多解推广加强	2012—08	38.00	209
历届波兰数学竞赛试题集.第 1 卷,1949～1963	2015—03	18.00	453
历届波兰数学竞赛试题集.第 2 卷,1964～1976	2015—03	18.00	454
保加利亚数学奥林匹克	2014—10	38.00	393
圣彼得堡数学奥林匹克试题集	2015—01	48.00	429
历届国际大学生数学竞赛试题集(1994—2010)	2012—01	28.00	143
全国大学生数学夏令营数学竞赛试题及解答	2007—03	28.00	15
全国大学生数学竞赛辅导教程	2012—07	28.00	189
全国大学生数学竞赛复习全书	2014—04	48.00	340
历届美国大学生数学竞赛试题集	2009—03	88.00	43
前苏联大学生数学奥林匹克竞赛题解(上编)	2012—04	28.00	169
前苏联大学生数学奥林匹克竞赛题解(下编)	2012—04	38.00	170
历届美国数学邀请赛试题集	2014—01	48.00	270
全国高中数学竞赛试题及解答.第 1 卷	2014—07	38.00	331
大学生数学竞赛讲义	2014—09	28.00	371
亚太地区数学奥林匹克竞赛题	2015—07	18.00	492
高考数学临门一脚(含密押三套卷)(理科版)	2015—01	24.80	421
高考数学临门一脚(含密押三套卷)(文科版)	2015—01	24.80	422
新课标高考数学题型全归纳(文科版)	2015—05	72.00	467
新课标高考数学题型全归纳(理科版)	2015—05	82.00	468
王连笑教你怎样学数学:高考选择题解题策略与客观题实用训练	2014—01	48.00	262
王连笑教你怎样学数学:高考数学高层次讲座	2015—02	48.00	432
高考数学的理论与实践	2009—08	38.00	53
高考数学核心题型解题方法与技巧	2010—01	28.00	86
高考思维新平台	2014—03	38.00	259
30 分钟拿下高考数学选择题、填空题(第二版)	2012—01	28.00	146
高考数学压轴题解题诀窍(上)	2012—02	78.00	166
高考数学压轴题解题诀窍(下)	2012—03	28.00	167
北京市五区文科数学三年高考模拟题详解:2013～2015	2015—08	48.00	500
北京市五区理科数学三年高考模拟题详解:2013～2015	2015—09	68.00	505

哈尔滨工业大学出版社刘培杰数学工作室
已出版（即将出版）图书目录

书　名	出版时间	定　价	编号
向量法巧解数学高考题	2009—08	28.00	54
高考数学万能解题法	2015—09	28.00	534
高考物理万能解题法	2015—09	28.00	537
高考化学万能解题法	2015—11	25.00	557
2011～2015年全国及各省市高考数学文科精品试题审题要津与解法研究	2015—10	68.00	539
2011～2015年全国及各省市高考数学理科精品试题审题要津与解法研究	2015—10	88.00	540
整函数	2012—08	18.00	161
近代拓扑学研究	2013—04	38.00	239
多项式和无理数	2008—01	68.00	22
模糊数据统计学	2008—03	48.00	31
模糊分析学与特殊泛函空间	2013—01	68.00	241
受控理论与解析不等式	2012—05	78.00	165
解析不等式新论	2009—06	68.00	48
建立不等式的方法	2011—03	98.00	104
数学奥林匹克不等式研究	2009—08	68.00	56
不等式研究(第二辑)	2012—02	68.00	153
不等式的秘密(第一卷)	2012—02	28.00	154
不等式的秘密(第一卷)(第2版)	2014—02	38.00	286
不等式的秘密(第二卷)	2014—01	38.00	268
初等不等式的证明方法	2010—06	38.00	123
初等不等式的证明方法(第二版)	2014—11	38.00	407
不等式·理论·方法(基础卷)	2015—07	38.00	496
不等式·理论·方法(经典不等式卷)	2015—07	38.00	497
不等式·理论·方法(特殊类型不等式卷)	2015—07	48.00	498
谈谈不定方程	2011—05	28.00	119
数学奥林匹克在中国	2014—06	98.00	344
数学奥林匹克问题集	2014—01	38.00	267
数学奥林匹克不等式散论	2010—06	38.00	124
数学奥林匹克不等式欣赏	2011—09	38.00	138
数学奥林匹克超级题库(初中卷上)	2010—01	58.00	66
数学奥林匹克不等式证明方法和技巧(上、下)	2011—08	158.00	134,135
新编640个世界著名数学智力趣题	2014—01	88.00	242
500个最新世界著名数学智力趣题	2008—06	48.00	3
400个最新世界著名数学最值问题	2008—09	48.00	36
500个世界著名数学征解问题	2009—06	48.00	52
400个中国最佳初等数学征解老问题	2010—01	48.00	60
500个俄罗斯数学经典老题	2011—01	28.00	81
1000个国外中学物理好题	2012—04	48.00	174
300个日本高考数学题	2012—05	38.00	142
500个前苏联早期高考数学试题及解答	2012—05	28.00	185
546个早期俄罗斯大学生数学竞赛题	2014—03	38.00	285
548个来自美苏的数学好问题	2014—11	28.00	396
20所苏联著名大学早期入学试题	2015—02	18.00	452
161道德国工科大学生必做的微分方程习题	2015—05	28.00	469
500个德国工科大学生必做的高数习题	2015—06	28.00	478
德国讲义日本考题.微积分卷	2015—04	48.00	456
德国讲义日本考题.微分方程卷	2015—04	38.00	457

哈尔滨工业大学出版社刘培杰数学工作室
已出版(即将出版)图书目录

书　名	出版时间	定　价	编号
几何变换(Ⅰ)	2014—07	28.00	353
几何变换(Ⅱ)	2015—06	28.00	354
几何变换(Ⅲ)	2015—01	38.00	355
几何变换(Ⅳ)	2015—12	38.00	356
中国初等数学研究　2009卷(第1辑)	2009—05	20.00	45
中国初等数学研究　2010卷(第2辑)	2010—05	30.00	68
中国初等数学研究　2011卷(第3辑)	2011—07	60.00	127
中国初等数学研究　2012卷(第4辑)	2012—07	48.00	190
中国初等数学研究　2014卷(第5辑)	2014—02	48.00	288
中国初等数学研究　2015卷(第6辑)	2015—06	68.00	493
博弈论精粹	2008—03	58.00	30
博弈论精粹.第二版(精装)	2015—01	88.00	461
数学 我爱你	2008—01	28.00	20
精神的圣徒　别样的人生——60位中国数学家成长的历程	2008—09	48.00	39
数学史概论	2009—06	78.00	50
数学史概论(精装)	2013—03	158.00	272
数学史选讲	2016—01	48.00	544
斐波那契数列	2010—02	28.00	65
数学拼盘和斐波那契魔方	2010—07	38.00	72
斐波那契数列欣赏	2011—01	28.00	160
数学的创造	2011—02	48.00	85
数学中的美	2011—02	38.00	84
数论中的美学	2014—12	38.00	351
数学王者　科学巨人——高斯	2015—01	28.00	428
振兴祖国数学的圆梦之旅:中国初等数学研究史话	2015—06	78.00	490
二十世纪中国数学史料研究	2015—10	48.00	536
数字谜、数阵图与棋盘覆盖	2016—01	58.00	298
时间的形状	2016—01	38.00	556
最新全国及各省市高考数学试卷解法研究及点拨评析	2009—02	38.00	41
2011年全国及各省市高考数学试题审题要津与解法研究	2011—10	48.00	139
2013年全国及各省市高考数学试题解析与点评	2014—01	48.00	282
全国及各省市高考数学试题审题要津与解法研究	2015—02	48.00	450
全国中考数学压轴题审题要津与解法研究	2013—04	78.00	248
新编全国及各省市中考数学压轴题审题要津与解法研究	2014—05	58.00	342
全国及各省市5年中考数学压轴题审题要津与解法研究	2015—04	58.00	462
新课标高考数学——五年试题分章详解(2007～2011)(上、下)	2011—10	78.00	140,141
中考数学专题总复习	2007—04	28.00	6
数学解题——靠数学思想给力(上)	2011—07	38.00	131
数学解题——靠数学思想给力(中)	2011—07	48.00	132
数学解题——靠数学思想给力(下)	2011—07	38.00	133
我怎样解题	2013—01	48.00	227
数学解题中的物理方法	2011—06	28.00	114
数学解题的特殊方法	2011—06	48.00	115
中学数学计算技巧	2012—01	48.00	116
中学数学证明方法	2012—01	58.00	117
数学趣题巧解	2012—03	28.00	128
高中数学教学通鉴	2015—05	58.00	479
和高中生漫谈:数学与哲学的故事	2014—08	28.00	369

哈尔滨工业大学出版社刘培杰数学工作室
已出版(即将出版)图书目录

书　名	出版时间	定　价	编号
自主招生考试中的参数方程问题	2015—01	28.00	435
自主招生考试中的极坐标问题	2015—04	28.00	463
近年全国重点大学自主招生数学试题全解及研究.华约卷	2015—02	38.00	441
近年全国重点大学自主招生数学试题全解及研究.北约卷	即将出版		
自主招生数学解证宝典	2015—09	48.00	535
格点和面积	2012—07	18.00	191
射影几何趣谈	2012—04	28.00	175
斯潘纳尔引理——从一道加拿大数学奥林匹克试题谈起	2014—01	28.00	228
李普希兹条件——从几道近年高考数学试题谈起	2012—10	18.00	221
拉格朗日中值定理——从一道北京高考试题的解法谈起	2015—10	18.00	197
闵科夫斯基定理——从一道清华大学自主招生试题谈起	2014—01	28.00	198
哈尔测度——从一道冬令营试题的背景谈起	2012—08	28.00	202
切比雪夫逼近问题——从一道中国台北数学奥林匹克试题谈起	2013—04	38.00	238
伯恩斯坦多项式与贝齐尔曲面——从一道全国高中数学联赛试题谈起	2013—03	38.00	236
卡塔兰猜想——从一道普特南竞赛试题谈起	2013—06	18.00	256
麦卡锡函数和阿克曼函数——从一道前南斯拉夫数学奥林匹克试题谈起	2012—08	18.00	201
贝蒂定理与拉姆贝克莫斯尔定理——从一个拣石子游戏谈起	2012—08	18.00	217
皮亚诺曲线和豪斯道夫分球定理——从无限集谈起	2012—08	18.00	211
平面凸图形与凸多面体	2012—10	28.00	218
斯坦因豪斯问题——从一道二十五省市自治区中学数学竞赛试题谈起	2012—07	18.00	196
纽结理论中的亚历山大多项式与琼斯多项式——从一道北京市高一数学竞赛试题谈起	2012—07	28.00	195
原则与策略——从波利亚"解题表"谈起	2013—04	38.00	244
转化与化归——从三大尺规作图不能问题谈起	2012—08	28.00	214
代数几何中的贝祖定理(第一版)——从一道IMO试题的解法谈起	2013—08	18.00	193
成功连贯理论与约当块理论——从一道比利时数学竞赛试题谈起	2012—04	18.00	180
磨光变换与范·德·瓦尔登猜想——从一道环球城市竞赛试题谈起	即将出版		
素数判定与大数分解	2014—08	18.00	199
置换多项式及其应用	2012—10	18.00	220
椭圆函数与模函数——从一道美国加州大学洛杉矶分校(UCLA)博士资格考题谈起	2012—10	28.00	219
差分方程的拉格朗日方法——从一道2011年全国高考理科试题的解法谈起	2012—08	28.00	200
力学在几何中的一些应用	2013—01	38.00	240
高斯散度定理、斯托克斯定理和平面格林定理——从一道国际大学生数学竞赛试题谈起	即将出版		
康托洛维奇不等式——从一道全国高中联赛试题谈起	2013—03	28.00	337
西格尔引理——从一道第18届IMO试题的解法谈起	即将出版		
罗斯定理——从一道前苏联数学竞赛试题谈起	即将出版		
拉克斯定理和阿廷定理——从一道IMO试题的解法谈起	2014—01	58.00	246

哈尔滨工业大学出版社刘培杰数学工作室

已出版(即将出版)图书目录

书 名	出版时间	定 价	编号
毕卡大定理——从一道美国大学数学竞赛试题谈起	2014—07	18.00	350
贝齐尔曲线——从一道全国高中联赛试题谈起	即将出版		
拉格朗日乘子定理——从一道2005年全国高中联赛试题的高等数学解法谈起	2015—05	28.00	480
雅可比定理——从一道日本数学奥林匹克试题谈起	2013—04	48.00	249
李天岩-约克定理——从一道波兰数学竞赛试题谈起	2014—06	28.00	349
整系数多项式因式分解的一般方法——从克朗耐克算法谈起	即将出版		
布劳维不动点定理——从一道前苏联数学奥林匹克试题谈起	2014—01	38.00	273
压缩不动点定理——从一道高考数学试题的解法谈起	即将出版		
伯恩赛德定理——从一道英国数学奥林匹克试题谈起	即将出版		
布查特-莫斯特定理——从一道上海市初中竞赛试题谈起	即将出版		
数论中的同余数问题——从一道普特南竞赛试题谈起	即将出版		
范·德蒙行列式——从一道美国数学奥林匹克试题谈起	即将出版		
中国剩余定理:总数法构建中国历史年表	2015—01	28.00	430
牛顿程序与方程求根——从一道全国高考试题解法谈起	即将出版		
库默尔定理——从一道IMO预选试题谈起	即将出版		
卢丁定理——从一道冬令营试题的解法谈起	即将出版		
沃斯滕霍姆定理——从一道IMO预选试题谈起	即将出版		
卡尔松不等式——从一道莫斯科数学奥林匹克试题谈起	即将出版		
信息论中的香农熵——从一道近年高考压轴题谈起	即将出版		
约当不等式——从一道希望杯竞赛试题谈起	即将出版		
拉比诺维奇定理	即将出版		
刘维尔定理——从一道《美国数学月刊》征解问题的解法谈起	即将出版		
卡塔兰恒等式与级数求和——从一道IMO试题的解法谈起	即将出版		
勒让德猜想与素数分布——从一道爱尔兰竞赛试题谈起	即将出版		
天平称重与信息论——从一道基辅市数学奥林匹克试题谈起	即将出版		
哈密尔顿-凯莱定理:从一道高中数学联赛试题的解法谈起	2014—09	18.00	376
艾思特曼定理——从一道CMO试题的解法谈起	即将出版		
一个爱尔特希问题——从一道西德数学奥林匹克试题谈起	即将出版		
有限群中的爱丁格尔问题——从一道北京市初中二年级数学竞赛试题谈起	即将出版		
贝克码与编码理论——从一道全国高中联赛试题谈起	即将出版		
帕斯卡三角形	2014—03	18.00	294
蒲丰投针问题——从2009年清华大学的一道自主招生试题谈起	2014—01	38.00	295
斯图姆定理——从一道"华约"自主招生试题的解法谈起	2014—01	18.00	296
许瓦兹引理——从一道加利福尼亚大学伯克利分校数学系博士生试题谈起	2014—08	18.00	297
拉格朗日中值定理——从一道北京高考试题的解法谈起	2014—01	18.00	298
拉姆塞定理——从王诗宬院士的一个问题谈起	2014—01	18.00	299
坐标法	2013—12	28.00	332
数论三角形	2014—04	38.00	341
毕克定理	2014—07	18.00	352
数林掠影	2014—09	48.00	389
我们周围的概率	2014—10	38.00	390
凸函数最值定理:从一道华约自主招生题的解法谈起	2014—10	28.00	391
易学与数学奥林匹克	2014—10	38.00	392

哈尔滨工业大学出版社刘培杰数学工作室
已出版(即将出版)图书目录

书　名	出版时间	定　价	编号
生物数学趣谈	2015—01	18.00	409
反演	2015—01		420
因式分解与圆锥曲线	2015—01	18.00	426
轨迹	2015—01	28.00	427
面积原理:从常庚哲命的一道 CMO 试题的积分解法谈起	2015—01	48.00	431
形形色色的不动点定理:从一道 28 届 IMO 试题谈起	2015—01	38.00	439
柯西函数方程:从一道上海交大自主招生的试题谈起	2015—02	28.00	440
三角恒等式	2015—02	28.00	442
无理性判定:从一道 2014 年"北约"自主招生试题谈起	2015—01	38.00	443
数学归纳法	2015—03	18.00	451
极端原理与解题	2015—04	28.00	464
法雷级数	2014—08	18.00	367
摆线族	2015—01	38.00	438
函数方程及其解法	2015—05	38.00	470
含参数的方程和不等式	2012—09	28.00	213
希尔伯特第十问题	2016—01	38.00	543
无穷小量的求和	2016—01	28.00	545
中等数学英语阅读文选	2006—12	38.00	13
统计学专业英语	2007—03	28.00	16
统计学专业英语(第二版)	2012—07	48.00	176
统计学专业英语(第三版)	2015—04	68.00	465
幻方和魔方(第一卷)	2012—05	68.00	173
尘封的经典——初等数学经典文献选读(第一卷)	2012—07	48.00	205
尘封的经典——初等数学经典文献选读(第二卷)	2012—07	38.00	206
代换分析:英文	2015—07	38.00	499
实变函数论	2012—06	78.00	181
复变函数论	2015—08	38.00	504
非光滑优化及其变分分析	2014—01	48.00	230
疏散的马尔科夫链	2014—01	58.00	266
马尔科夫过程论基础	2015—01	28.00	433
初等微分拓扑学	2012—07	18.00	182
方程式论	2011—03	38.00	105
初级方程式论	2011—03	28.00	106
Galois 理论	2011—03	18.00	107
古典数学难题与伽罗瓦理论	2012—11	58.00	223
伽罗华与群论	2014—01	28.00	290
代数方程的根式解及伽罗瓦理论	2011—03	28.00	108
代数方程的根式解及伽罗瓦理论(第二版)	2015—01	28.00	423
线性偏微分方程讲义	2011—03	18.00	110
几类微分方程数值方法的研究	2015—05	38.00	485
N 体问题的周期解	2011—03	28.00	111
代数方程式论	2011—05	18.00	121
动力系统的不变量与函数方程	2011—07	48.00	137
基于短语评价的翻译知识获取	2012—02	48.00	168
应用随机过程	2012—04	48.00	187
概率论导引	2012—04	18.00	179
矩阵论(上)	2013—06	58.00	250
矩阵论(下)	2013—06	48.00	251
对称锥互补问题的内点法:理论分析与算法实现	2014—08	68.00	368
抽象代数:方法导引	2013—06	38.00	257

哈尔滨工业大学出版社刘培杰数学工作室
已出版(即将出版)图书目录

书　名	出版时间	定　价	编号
函数论	2014—11	78.00	395
反问题的计算方法及应用	2011—11	28.00	147
初等数学研究(Ⅰ)	2008—09	68.00	37
初等数学研究(Ⅱ)(上、下)	2009—05	118.00	46,47
数阵及其应用	2012—02	28.00	164
绝对值方程—折边与组合图形的解析研究	2012—07	48.00	186
代数函数论(上)	2015—07	38.00	494
代数函数论(下)	2015—07	38.00	495
偏微分方程论:法文	2015—10	48.00	533
闵嗣鹤文集	2011—03	98.00	102
吴从炘数学活动三十年(1951~1980)	2010—07	99.00	32
吴从炘数学活动又三十年(1981~2010)	2015—07	98.00	491
趣味初等方程妙题集锦	2014—09	48.00	388
趣味初等数论选美与欣赏	2015—02	48.00	445
耕读笔记(上卷):一位农民数学爱好者的初数探索	2015—04	28.00	459
耕读笔记(中卷):一位农民数学爱好者的初数探索	2015—05	28.00	483
耕读笔记(下卷):一位农民数学爱好者的初数探索	2015—05	28.00	484
几何不等式研究与欣赏.上卷	2016—01	88.00	547
几何不等式研究与欣赏.下卷	2016—01	48.00	552
初等数列研究与欣赏·上	2016—01	48.00	570
初等数列研究与欣赏·下	即将出版		571
数贝偶拾——高考数学题研究	2014—04	28.00	274
数贝偶拾——初等数学研究	2014—04	38.00	275
数贝偶拾——奥数题研究	2014—04	48.00	276
集合、函数与方程	2014—01	28.00	300
数列与不等式	2014—01	38.00	301
三角与平面向量	2014—01	28.00	302
平面解析几何	2014—01	38.00	303
立体几何与组合	2014—01	28.00	304
极限与导数、数学归纳法	2014—01	38.00	305
趣味数学	2014—03	28.00	306
教材教法	2014—04	68.00	307
自主招生	2014—05	58.00	308
高考压轴题(上)	2015—01	48.00	309
高考压轴题(下)	2014—10	68.00	310
从费马到怀尔斯——费马大定理的历史	2013—10	198.00	Ⅰ
从庞加莱到佩雷尔曼——庞加莱猜想的历史	2013—10	298.00	Ⅱ
从切比雪夫到爱尔特希(上)——素数定理的初等证明	2013—07	48.00	Ⅲ
从切比雪夫到爱尔特希(下)——素数定理100年	2012—12	98.00	Ⅲ
从高斯到盖尔方特——二次域的高斯猜想	2013—10	198.00	Ⅳ
从库默尔到朗兰兹——朗兰兹猜想的历史	2014—01	98.00	Ⅴ
从比勃巴赫到德布朗斯——比勃巴赫猜想的历史	2014—02	298.00	Ⅵ
从麦比乌斯到陈省身——麦比乌斯变换与麦比乌斯带	2014—02	298.00	Ⅶ
从布尔到豪斯道夫——布尔方程与格论漫谈	2013—10	198.00	Ⅷ
从开普勒到阿诺德——三体问题的历史	2014—05	298.00	Ⅸ
从华林到华罗庚——华林问题的历史	2013—10	298.00	Ⅹ
吴振奎高等数学解题真经(概率统计卷)	2012—01	38.00	149
吴振奎高等数学解题真经(微积分卷)	2012—01	68.00	150
吴振奎高等数学解题真经(线性代数卷)	2012—01	58.00	151
钱昌本教你快乐学数学(上)	2011—12	48.00	155
钱昌本教你快乐学数学(下)	2012—03	58.00	171

哈尔滨工业大学出版社刘培杰数学工作室
已出版(即将出版)图书目录

书　名	出版时间	定　价	编号
第19～23届"希望杯"全国数学邀请赛试题审题要津详细评注(初一版)	2014—03	28.00	333
第19～23届"希望杯"全国数学邀请赛试题审题要津详细评注(初二、初三版)	2014—03	38.00	334
第19～23届"希望杯"全国数学邀请赛试题审题要津详细评注(高一版)	2014—03	28.00	335
第19～23届"希望杯"全国数学邀请赛试题审题要津详细评注(高二版)	2014—03	38.00	336
第19～25届"希望杯"全国数学邀请赛试题审题要津详细评注(初一版)	2015—01	38.00	416
第19～25届"希望杯"全国数学邀请赛试题审题要津详细评注(初二、初三版)	2015—01	58.00	417
第19～25届"希望杯"全国数学邀请赛试题审题要津详细评注(高一版)	2015—01	48.00	418
第19～25届"希望杯"全国数学邀请赛试题审题要津详细评注(高二版)	2015—01	48.00	419
高等数学解题全攻略(上卷)	2013—06	58.00	252
高等数学解题全攻略(下卷)	2013—06	58.00	253
高等数学复习纲要	2014—01	18.00	384
三角函数	2014—01	38.00	311
不等式	2014—01	38.00	312
数列	2014—01	38.00	313
方程	2014—01	28.00	314
排列和组合	2014—01	28.00	315
极限与导数	2014—01	28.00	316
向量	2014—09	38.00	317
复数及其应用	2014—08	28.00	318
函数	2014—01	38.00	319
集合	即将出版		320
直线与平面	2014—01	28.00	321
立体几何	2014—04		322
解三角形	即将出版		323
直线与圆	2014—01	28.00	324
圆锥曲线	2014—01	38.00	325
解题通法(一)	2014—07	38.00	326
解题通法(二)	2014—07	38.00	327
解题通法(三)	2014—05	38.00	328
概率与统计	2014—01	28.00	329
信息迁移与算法	即将出版		330
物理奥林匹克竞赛大题典——力学卷	2014—11	48.00	405
物理奥林匹克竞赛大题典——热学卷	2014—04	28.00	339
物理奥林匹克竞赛大题典——电磁学卷	2015—07	48.00	406
物理奥林匹克竞赛大题典——光学与近代物理卷	2014—06	28.00	345
历届中国东南地区数学奥林匹克试题集(2004～2012)	2014—06	18.00	346
历届中国西部地区数学奥林匹克试题集(2001～2012)	2014—07	18.00	347
历届中国女子数学奥林匹克试题集(2002～2012)	2014—08	18.00	348
美国高中数学竞赛五十讲.第1卷(英文)	2014—08	28.00	357
美国高中数学竞赛五十讲.第2卷(英文)	2014—08	28.00	358
美国高中数学竞赛五十讲.第3卷(英文)	2014—09	28.00	359
美国高中数学竞赛五十讲.第4卷(英文)	2014—09	28.00	360
美国高中数学竞赛五十讲.第5卷(英文)	2014—10	28.00	361
美国高中数学竞赛五十讲.第6卷(英文)	2014—11	28.00	362
美国高中数学竞赛五十讲.第7卷(英文)	2014—12	28.00	363
美国高中数学竞赛五十讲.第8卷(英文)	2015—01	28.00	364
美国高中数学竞赛五十讲.第9卷(英文)	2015—01	28.00	365
美国高中数学竞赛五十讲.第10卷(英文)	2015—02	38.00	366

书　名	出版时间	定　价	编号
IMO 50 年.第 1 卷(1959—1963)	2014—11	28.00	377
IMO 50 年.第 2 卷(1964—1968)	2014—11	28.00	378
IMO 50 年.第 3 卷(1969—1973)	2014—09	28.00	379
IMO 50 年.第 4 卷(1974—1978)	即将出版		380
IMO 50 年.第 5 卷(1979—1984)	2015—04	38.00	381
IMO 50 年.第 6 卷(1985—1989)	2015—04	58.00	382
IMO 50 年.第 7 卷(1990—1994)	即将出版		383
IMO 50 年.第 8 卷(1995—1999)	即将出版		384
IMO 50 年.第 9 卷(2000—2004)	2015—04	58.00	385
IMO 50 年.第 10 卷(2005—2008)	即将出版		386
历届美国大学生数学竞赛试题集.第一卷(1938—1949)	2015—01	28.00	397
历届美国大学生数学竞赛试题集.第二卷(1950—1959)	2015—01	28.00	398
历届美国大学生数学竞赛试题集.第三卷(1960—1969)	2015—01	28.00	399
历届美国大学生数学竞赛试题集.第四卷(1970—1979)	2015—01	18.00	400
历届美国大学生数学竞赛试题集.第五卷(1980—1989)	2015—01	28.00	401
历届美国大学生数学竞赛试题集.第六卷(1990—1999)	2015—01	28.00	402
历届美国大学生数学竞赛试题集.第七卷(2000—2009)	2015—08	18.00	403
历届美国大学生数学竞赛试题集.第八卷(2010—2012)	2015—01	18.00	404
新课标高考数学创新题解题诀窍:总论	2014—09	28.00	372
新课标高考数学创新题解题诀窍:必修 1～5 分册	2014—08	38.00	373
新课标高考数学创新题解题诀窍:选修 2—1,2—2,1—1,1—2分册	2014—09	38.00	374
新课标高考数学创新题解题诀窍:选修 2—3,4—4,4—5 分册	2014—09	18.00	375
全国重点大学自主招生英文数学试题全攻略:词汇卷	2015—07	48.00	410
全国重点大学自主招生英文数学试题全攻略:概念卷	2015—01	28.00	411
全国重点大学自主招生英文数学试题全攻略:文章选读卷(上)	即将出版		412
全国重点大学自主招生英文数学试题全攻略:文章选读卷(下)	即将出版		413
全国重点大学自主招生英文数学试题全攻略:试题卷	2015—07	38.00	414
全国重点大学自主招生英文数学试题全攻略:名著欣赏卷	即将出版		415
数学物理大百科全书.第 1 卷	2016—01	408.00	508
数学物理大百科全书.第 2 卷	2016—01	418.00	509
数学物理大百科全书.第 3 卷	2016—01	396.00	510
数学物理大百科全书.第 4 卷	2016—01	408.00	511
数学物理大百科全书.第 5 卷	2016—01	368.00	512

哈尔滨工业大学出版社刘培杰数学工作室
已出版(即将出版)图书目录

书　名	出 版 时 间	定 价	编号
劳埃德数学趣题大全.题目卷.1:英文	2016－01	18.00	516
劳埃德数学趣题大全.题目卷.2:英文	2016－01	18.00	517
劳埃德数学趣题大全.题目卷.3:英文	2016－01	18.00	518
劳埃德数学趣题大全.题目卷.4:英文	2016－01	18.00	519
劳埃德数学趣题大全.题目卷.5:英文	2016－01	18.00	520
劳埃德数学趣题大全.答案卷:英文	2016－01	18.00	521
李成章教练奥数笔记.第1卷	2016－01	48.00	522
李成章教练奥数笔记.第2卷	2016－01	48.00	523
李成章教练奥数笔记.第3卷	2016－01	38.00	524
李成章教练奥数笔记.第4卷	2016－01	38.00	525
李成章教练奥数笔记.第5卷	2016－01	38.00	526
李成章教练奥数笔记.第6卷	2016－01	38.00	527
李成章教练奥数笔记.第7卷	2016－01	38.00	528
李成章教练奥数笔记.第8卷	2016－01	48.00	529
李成章教练奥数笔记.第9卷	2016－01	28.00	530
zeta函数,q-zeta函数,相伴级数与积分	2015－08	88.00	513
微分形式:理论与练习	2015－08	58.00	514
离散与微分包含的逼近和优化	2015－08	58.00	515
艾伦·图灵:他的工作与影响	2016－01	98.00	560
测度理论概率导论,第2版	2016－01	88.00	561
带有潜在故障恢复系统的半马尔柯夫模型控制	2016－01	98.00	562
数学分析原理	2016－01	88.00	563
随机偏微分方程的有效动力学	2016－01	88.00	564
图的谱半径	2016－01	58.00	565
量子机器学习中数据挖掘的量子计算方法	2016－01	98.00	566
运输过程的统一非局部理论:广义波尔兹曼物理动力学,第2版	2016-01	198.00	568
量子物理的非常规方法	2016-01	118.00	567
量子力学与经典力学之间的联系在原子、分子及电动力学系统建模中的应用	2016－01	58.00	569

联系地址:哈尔滨市南岗区复华四道街10号　哈尔滨工业大学出版社刘培杰数学工作室

网　　址:http://lpj.hit.edu.cn/

邮　　编:150006

联系电话:0451－86281378　　13904613167

E-mail:lpj1378@163.com